内在进化

INNER EVOLUTION

你要悄悄拔尖然后惊艳所有人

魏渐 / 著

天津出版传媒集团

天津人民出版社

图书在版编目（CIP）数据

内在进化：你要悄悄拔尖然后惊艳所有人 / 魏渐著. —— 天津：天津人民出版社，2020.7
 ISBN 978-7-201-16040-5

Ⅰ.①内… Ⅱ.①魏… Ⅲ.①成功心理-通俗读物 Ⅳ.①B848.4-49

中国版本图书馆CIP数据核字(2020)第097238号

内在进化：你要悄悄拔尖然后惊艳所有人
NEIZAI JINHUA: NI YAO QIAOQIAO BAJIAN RANHOU JINGYAN SUOYOUREN

出　　版	天津人民出版社
出 版 人	刘　庆
地　　址	天津市和平区西康路35号康岳大厦
邮政编码	300051
邮购电话	（022）23332469
网　　址	http://www.tjrmcbs.com
电子邮箱	reader@tjrmbs.com
责任编辑	陈　烨
策划编辑	刘丽娜　刘丹羽
装帧设计	仙境设计
制版印刷	天津旭非印刷有限公司
经　　销	新华书店
开　　本	880×1230毫米　1/32
印　　张	8
字　　数	146千字
版次印次	2020年7月第1版　2020年7月第1次印刷
定　　价	49.00元

版权所有　侵权必究
图书如出现印装质量问题，请致电联系调换（010-62252154）

第一章 升维思考：从根源上解决问题

眼下难题，需要提升一个思维层次来解决 / 002
永远不要打探别人的工资 / 008
如何从一份价值不高的工作中逆袭 / 015
苦难不是财富，对苦难的反思才是 / 021
晋升还是跳槽 / 029
你就是自己的"金饭碗" / 038
人的一生都在不停改变 / 043

第二章 深度复盘：成长有捷径

你靠什么过那 1% 的生活 / 050
利用已有的，换取想要的 / 054
30 岁之前，你最缺的不是钱，是本事 / 059
35 岁以后，你靠什么安身立命 / 062
生活是具体的，逐步调试优化它 / 067
迷茫的时候，持续做有意义的事 / 072
没有实力，不要玻璃心 / 076
如何战胜无力感 / 080

第三章　高级进阶：永远寻找更好的方法

找准自身优势，打造持续发力点 / 088
管好情绪是心智成熟的第一步 / 092
情商低，是通往人生巅峰的最大障碍 / 099
捡最重要的事情做 / 105
热爱是最好的天赋 / 110
换个思路天地宽 / 116
职场如何交友 / 122

第四章　核心竞争力：成功的关键要素

靠谱的工作基本功，你值得拥有 / 130
高难度的工作是一种馈赠 / 136
打造核心竞争力，和平台互相成就 / 142
读书不是没用，是你不会用 / 147
毕业前5年，比理财更重要的是理才 / 153
成功，就是把一件事做到极致 / 156
听说，你想做一名自由职业者 / 163
那些不动声色搞定一切的人到底有多酷 / 166

第五章 / **人生合伙人：更好地彼此成就**

不是所有的相亲都必须有结果 / 172
相亲，是资源优良整合的过程 / 177
自己变优秀，才能遇见好的人 / 181
最好的爱情和友情，是我们参与了彼此的成长 / 187
没有爱的婚姻，结与离都是悲剧 / 193
好的婚姻是寻找合适的人生合伙人 / 198

第六章 / **终身成长：让人生自己说了算**

你可以上二流大学，但不可以过二流人生 / 206
让父母放心是一生的功课 / 213
自驱力：让自己跑起来 / 219
停止过度准备，请上手 / 223
看透：普通和优秀的差距，在于应对方式不同 / 229
为什么存在一些那么在乎几块钱的人 / 236
能力迁移，实现指数级成长的利器 / 243

后记：人生是一场时间的旅行

第一章 升维思考：从根源上解决问题

内在进化
——你要悄悄拔尖然后惊艳所有人

眼下难题,需要提升一个思维层次来解决

邱先生最近异常"活跃"。以往几乎不上微信的他,现在全天24小时几乎全泡在群里了,形迹令人生疑。

我忍不住私信他,方才得知:他上星期已经提交了辞职报告,原因是老板不给他加工资。

"你们程序员工资不是挺高的吗?还加?"

"我们公司的工资太低了!"

"有多低?"

"9000元!"

"啧啧,不是说现在的程序员都15000元起步吗?"

"就是!这都不说了,关键是我们公司现在招新人都12000元起了,我在这儿干了三年,还拿着入职时的工资!一分没涨!"

第一章　升维思考：从根源上解决问题

"这……"

邱先生是我大学校友，机械工程专业出身，却转行做了程序员。入行三年，从打下手到独立写程序，如今已经独立带团队做项目了。他带着一个七人的小团队，正在开发一款新的手游。

本来一切进展顺利，不料突然被公司新的人事政策刺激了一把。公司内部流传的一种说法是：上市在即，老板想淘汰一批不思进取的老员工，所以才弄出这么一招。

邱先生当然不爽啊，他的想法是：虽然自己并非科班出身，但写起代码也是一把好手，高薪招新员工却不给老员工加工资，太不公平了！

"估计，这两天老板就会找我谈话，"邱先生说，"反正，我是想好了，不给我加或者加不到我想要的薪酬，我就辞职。以我现在的能力，随便进一家一线游戏公司轻而易举。"

我表示力挺："嗯，相信你的实力！"

邱先生的一番话，让我想起了刚步入职场时的一段经历。那时，我嫌工资低，提加薪，老板不给加，所以我申请了离职。

后来才想明白：其实，老板是不会轻易给不创造任何价值的新员工加工资的，不管你多苦多累，老板认定一个岗位就值那么多钱，无论你怎么嚷嚷都没用。

他才不怕你辞职呢，你不干，让人事经理再招一个呗。只要这个岗位不涉及核心业务，想要找个替代品还不容易？

许多人常常自以为劳苦功高，事实上在老板眼里，你就是一只忙不到点上的无头苍蝇。

我向公司提加薪的时候，刚入职4个月。因为我发现自己入职的时候薪水要低了，同一岗位的同事工作做得一塌糊涂，工资却比我高，这让我很不爽。

领导没有直接拒绝，而是真诚地回应我："我已经跟大领导说了，但公司规定得转正满半年才可以提加薪的事儿。"我心想，还有两个月就符合条件了，于是按捺住内心的不满，等待着。

按理说，入职7个月的时候已经符合要求了，我一直推到第八个月，依然没什么动静，很是失望。

更糟的是，由于公司业务进展不顺，我所负责的业务已经渐渐被边缘化了。随着公司转型，我从核心业务人员突然变成了边缘人，加薪的希望更加渺茫了。

干满八个月，我没再提加薪的事儿，而是直接提出辞职，当时内心想的是：如果公司重视我的话，自然会给我加工资；如果公司没有加,那只能说明我不够重要。既然我不够重要,那我还留下来干吗呢?

一些人以为自己资格老,就该拿高薪。事实上,有的工作你干十年和别人干一年,产出的价值大同小异。在这种情况下,养一个庸庸碌碌的老员工还不如招一个初出茅庐的新人呢!

为什么老板宁愿高薪招新人,也不愿给老员工加工资呢?不妨用"老板思维"换位思考一下。

第一,避免"人事地震"。

谁不想加薪啊?作为一名老员工,毫不夸张地说我每天做梦都在想加薪。

做个不恰当的比喻:公司就像一只忙碌的老乌鸦,员工好比嗷嗷待哺的小乌鸦,而薪酬是老乌鸦叼来的虫子,加薪即加餐。想象一下:虫子就那么一条,但所有嘴巴都在嘎嘎狂叫,这是怎样的场面?

一家公司,小的有几十号员工,大的有几百号、上千号员工,所有人都昼思夜想盼着加薪,仅少数人如愿以偿,其他人怎么想?与你处在同一工资水平的员工乐意吗?与你能力相当的员工乐意吗?

给一个老员工加薪,往往意味着一批老员工都得加薪。毕竟,对一家发展稳健的公司而言,"人事地震"可不是小事。而招一个新人进来,则可以完全避免这种副作用。

第二,激活"温水青蛙"。

机器用久了有磨损,工作做久了会倦怠。一个人从新员工变成老员工,经验值增长的同时也伴随着新鲜感的丧失。一个很常见的例子就是拖延症,恐怕大多数老员工都或多或少存在。

新员工纵然做事毛糙,但好奇心浓、学习力强、冲劲儿足啊。得益于此,新员工的降临常常具有一定的"侵略性",这在心理学上叫鲶鱼效应:一条鲶鱼的存在,往往能起到激活一群沙丁鱼的效果。

为了不被取代,老员工只能更加勤勉。所以,时不时补充新员工,对一个企业来说至关重要。因为,企业(尤其大公司)流动性过低,管理难免走向僵化。

有的人很是不解:为什么我辞职的时候,老板一句挽留的话都没说?这不明摆着嘛,他已经物色好了更好的人选了。

所以,别总抱怨老板不给身为老员工的你加薪,真实的情形是——不是老板炒掉了你,就是你炒掉了自己。

因为,老板认为需要重点"呵护"的员工,早就升职加薪了;你

CHAPTER 01 第一章 升维思考：从根源上解决问题

既没有加薪也没有升职，只能说明你没有超出（甚至没有达到）老板的期望值。这个时候，就不如闭嘴，兢兢业业学点儿真本事。

当你的能力能左右公司利润的时候，老板就会主动给你加薪；不给你加薪，那是老板眼拙，这时，该跳槽就果断跳槽，但这可能性极小。若真如此，这家公司离倒闭也不远了。

作为一名职场中人，你的薪资从几千涨到一万，从一万涨到一万五，从一万五涨到两万，每上一个层次都是一个坎儿，达到两万以后再想突破，就存在天花板了。

你若真有商业野心，你该去想如何将自己打造成一名卓越的管理者；抓住一切机会学习，让自己出类拔萃，成为公司的中流砥柱；用心发掘每一个潜在的商机，时刻准备撸起袖子大干一场。

当你把自己打造成一个拥有核心竞争力的人，升职加薪就是水到渠成的事。那时候，你大可以炒掉老板自立门户，让别人给你打工多好！

其实，职场的新陈代谢是这样的：公司宁愿用更高的薪水招募技术更牛、经验更丰、学历更高、证书更硬、更愿加班且更听话的新员工，来顶替那些游手好闲、废话连篇、阳奉阴违、知识陈旧、不服管理的老油条。而老油条是不可能轻易获得加薪机会的，更不会得到重用，等待他们的不是自己走人，就是被迫走人。

内在进化
——你要悄悄拔尖然后惊艳所有人

永远不要打探别人的工资

几个十分要好的同事吃完饭聊天,本来很开心,突然有人问:

"哎,你工资多少?"

"呃……14000……"被问者显得有些拘谨,尽管不太愿意聊这个话题,但见对方是新人,一脸真诚的样子,半推半就还是说了。

同事们都很吃惊,随即谈起彼此及熟识的人的工作情况,诸如福利怎么样,年终奖怎么样,未来前景怎么样……兜了一圈,发现自己公司任何一项都不如别人公司,总而言之:我们公司最烂。

而后各自陷入沉默。

刚毕业那年,我也对别人的工资充满好奇,最主要的原因是自己

第一章 升维思考：从根源上解决问题

工资太低，每个月除了房租与饭钱就所剩无几了，买任何东西都会不由自主地考虑一个问题：这个月的钱够不够用？

与此同时，基本上每天都要加班到晚上七八点，再坐公交车回家，钻进楼下的快餐店吃个饭，吃完就十点半了，连看电影都提不起兴趣，倒头就睡。

同部门的老员工常对我呼来唤去，一些无主的任务被摊派到我身上。那时，我觉得我是这个部门最忙的人，强烈地觉得自己的付出与回报不相匹配。

每次慌慌张张地进出办公室，都能看见那些慢悠悠泡花茶的，嚼着口香糖整理桌面的，高跷二郎腿叼着烟玩鼠标的……心中升起一股莫名的怒气。

有天中午吃饭，我有意无意地问了一位同事关于工资的事。这个男孩比我早来两个月，尽管不是一个组里的，但因为我们都喜欢打球，所以工作之余接触得比较频繁。

问工资的结果自然让我很不开心。

不仅是因为他工资比我高，问题的关键在于他比我还低一届，只是个实习生，进而我认为公司在待遇上是不公平的。你要说他做的事情比我的重要,或者他的才能完全在我之上的话,我心服口服,但好像也没有啊。从我和他对接的工作上看,他所做的事情我也一样能做。

不过,我从未在公开场合表露过我的不满。

其实,那时的我喜欢刷QQ空间,傍晚的红色夕阳,清晨绿色的行道树,一有啥鸡毛蒜皮的事情都要在QQ空间里感慨一下。但关于工作的事情,我绝口不提。偶尔提到,也仅仅是表达一下今天很累,鼓励自己坚持,云云。

后来,我认真地分析了一下:自己做的事情虽然很多、很杂,但确实不够重要。公司为什么要在不重要的岗位上耗费更多的人力成本呢?一想到这儿,我也就不那么愤懑了。

我依然每天按时上班下班,极少迟到,尽最大的努力完成手头的每一项任务。基本上每个月都能拿到一百元的全勤奖,甚至还有一次被提名优秀员工,虽然最后没能入选,却也让我高兴了一阵。

起码,我的努力有人看到了。

4

在我转正后的第二个月,月中发工资的时候,我发现卡上竟然多了1000元。1000元,至少房租问题解决了,心里的高兴自不必说。

第一次看到卡里莫名其妙多了1000元,我当时怀疑是不是财务的同事搞错了,但接下来的每个月也是按这个标准发的,才知道是涨工资了。

这就更加印证了我之前的想法是对的:要想拿更高的薪水,那就让自己成为更重要的人,去做更重要的事。

但后来的经历并未如我所愿。因为,在一个体系庞大的公司里,一旦你被固定在某个岗位上,那么你所接触到的大多数事情都是和岗位相关的,尤其是辅助性岗位,它或许不可或缺,却永远不可能占据主导。

因而,在"做更重要的事"的路上,我受挫了。一年之后,我选择了离开。

当我立志成为一个"更重要的人"以后,我就不那么在意工资上几百元的差距了。

我知道自己还有很多需要提升的地方,我的工作又恰好能够补足我的短板,同时不至于让我过于窘迫,还有什么好抱怨的呢?

关键是我知道抱怨没有用,所以也就不徒增烦恼了。因为你不重要,所以你说的话也不重要。

我曾接触过一位创业者,当年开干的时候,他四处找投资都遭冷眼,申请一个政府补贴项目被拒绝,后来死撑硬扛坚持了下来。如今投资人反而追着给他钱,上个月政府相关部门主动找上门,给他补贴500万元,一时间,他的项目成了该市着力扶持的优秀创业典范。

世事就是这样,你想要的,软磨硬泡求而不得;你不需要的,反而有人生拉硬扯强塞给你。一方面,确实是因为你变得更重要了,另一方面,其实是因为你有了更大的价值。

我并不是怂恿你用理想麻痹自己,说钱不重要、工资不重要。

你这么辛苦地工作,不就是为了工资、为了薪酬吗?我们都需要用钱养活自己,但是在人生的很长一段时间里,你必须承认你并不具备让自己活得逍遥自在、挥金如土的能力。

有人工资比你高,那是因为学校比你好啊;有人工资比你高,那是因为有技术、有本事啊;有人工资比你高,那是因为做事靠谱啊……你有什么?你只会对着电脑刷微博,刷完微博打开手机刷微信朋友圈,刷完朋友圈去休息区蹭点儿下午茶,吃饱了发现微信群里老板交代了个任务,赶紧回个"好的",磨磨蹭蹭处理完又无所事事了……

就这样,每份工作都干个一年半载就换,干的事情都差不多,牢骚从来没断过。你抱怨生活不如意的同时却没付诸行动去改变,你想获得更多的优待和报偿,但又凭什么?

一位前辈告诉我说,在他工作的六年中,从来没向老板提过加薪的事,但在整个部门里,数他的工资涨得最快。每次都是老板主动找他谈话,要给他提薪。第七年的时候,他毅然决定辞职创业,老板极力挽留,开出工资翻倍的条件,他还是辞职了。因为他觉得自己可以不用靠打工维持生活了,他要让别人为他打工。

从薪水的角度讲,他一直是同龄人中的翘楚,但他从不在朋友间谈论工资的事。

他说:"为什么要去谈这个伤人的话题呢?他工资比你高,你不开心;你工资比他高,他不开心。你不开心了,他也没法开心;他不开心了,你也没法开心。大家都不提,皆大欢喜,不好吗?"

想想也是,别人的工资多少,你知道了又怎样?老板又不会根据别人的工资来确定你的工资。需要根据别人的情况来确定的是最低工资标准。毕竟,一个公司是根据岗位来定薪的,如果觉得工资低,那就选一个薪水更高的岗位。

如果没有更好的岗位,那是不是应该让自己再深造一下?就是买本书先充充电,也不错啊。相信到一定火候,你一定能够胜任薪水更丰厚的岗位。但在此之前,是不是要把手头的工作先做好呢?

毕竟,抱怨没用,知道了别人的工资也于事无补。

如果你真的做得很好,工资却不见涨,那么你尽可以离开这家公司,因为这不是你的问题,是公司的问题。如果你做得确实很烂,工资也不见涨,那么没被开掉就是你的幸运,因为这不是公司的问题,而是你的问题。

当你修炼成"佛"了,你不满足于自己的"小庙",那就去"大庙"啊。眼神儿好的住持一定会给你一个更尊贵的位置的。而当你只是一个小和尚,还是省省吧,练功才是现在的你最该做的。

CHAPTER / 01

如何从一份价值不高的工作中逆袭

对年轻人而言,一份价值不高的工作的首要特征就是:以浪费生命为代价换取报酬。工作就是消磨时间,消磨时间就是工作,世界上再没有比这更可怕的事情了。

我的一位发小,中学没毕业就去某工厂里做库管,他的工作就是天天玩手机,手机玩累了就瞅瞅监控屏,伸个懒腰又继续玩手机……正常情况下,如果不到60岁以后,我是绝不会接受这样的工作的。或者哪怕是60岁以后,我也不会轻易接受这样的工作,多无聊啊!

然而,他一干就是7年。

7年中,他从一名库管小白变成一名资深库管,倒也没失业,却把租用仓库的创业公司熬倒了五家,唯一比较稳定的是,他的工资依

内在进化
——你要悄悄拔尖然后惊艳所有人

然是2200元。

你说,当一个人活到全身上下所有的筹码只剩下时间的时候,生活还有什么意思呢?

倒不是说出卖时间有多可耻。初入职场的人谁不在出卖自己的时间呢?但是别人出卖时间是为了积攒经验,而他出卖时间仅仅只是出卖时间,个中意味大不相同。

一家公司的老板雇你,也就意味着买断了你的一天8小时。在这个时段以内,不管诉诸体力还是脑力,你所创造的一切价值皆属于公司——这对老板来说,是可以量化的。

但对你而言,除了定时定量的月薪相对确定,一份工作真正带给你的价值到底有多少呢?那些令你引以为傲的资源、机会……你真的抓到手了吗?

对那些不思进取的人而言,恐怕是可望而不可即的。譬如资源,若非依托平台这棵大树,还有多少公司愿意为你提供扶持?譬如朋友圈,你加了那么多同事、客户、合作伙伴为好友,又有多少人愿意帮衬你?

真实的情形是,在北上广深打拼十年八年依然买不起一个厕所面积的大有人在,你会天真地以为这只是薪水的差距?

那么,一份价值不高的工作能给你带来什么呢?

第一,成长损耗。

一个人最宝贵的是青春,而在职场中,最廉价的却也是青春。初入职场,有多少人能立刻拿到高工资呢?你用最宝贵的时间,去做最鸡肋的工作,收获最微薄的薪水,这还不够"血腥"吗?

但你还是接受了,并且日日安慰自己:"钱不是最重要的,现阶段最重要的是学东西。"那么,问题就在这儿,扪心自问:毕业这几年,你到底学到了多少东西?

如果没学到多少东西,那么这意味着你白白浪费了一段自我成长的时间。

要知道,在这段时间内,你的同龄人很可能正以百米赛跑的速度将你甩开,未来几年,你可能花数倍的时间和精力,也不一定能赶得上他们。

认真地说,当你发现身边所有人都比你发展得好的时候,你心里不会太好受的。

第二,心灵损耗。

琐碎的工作已经够令人恶心的了,时不时你还得受一受客户的气,背一背上司的锅,忍一忍同事的怼……心情恐怕好不到哪里去吧?

我的一位设计师朋友曾抱怨道:"工作本身倒不辛苦,就是受不了'一改二调三重做,最终还用第一版'的折腾,这样太心累。"老实说,换我我也受不了。

写稿的人特别讨厌改稿,尤其讨厌外行人的指指点点,有时真心觉得提意见的人脑子进水了:"得有多弱智,才会提出这样的修改意见啊?"但你还是只能照做。

只要你稍微一解释,就会被解读为"不懂事""太年轻""不知变通"……长期处于这样的状态下,是个正常人都会憋出毛病的。

第三,健康损耗。

世界上有很多高危职业,正因如此,个别高危职业的工资会比较高,比如有"城市蜘蛛人"之称的空中清洁工,据说月入过万。

然而,另一些高危职业的工资却一般,比如采煤工人,时刻把命系在腰带上。你知道每年有不少人死于矿难,对吧?事实上,死于尘肺病的采煤工人比死于矿难的还要多。

但一个没文化、没资历、没资源的青年,想要养家糊口,想要跳脱自己的阶层,还有更好的选择吗?

第四,意志损耗。

一份价值不高的工作是会把一个人拖入无可救药的泥潭的。

所有事情都不是一蹴而就，而是"温水煮青蛙"。当你丧失学习的动力，深陷于无穷无尽的重复劳动，从月初到月末都在等发工资，那么此时此刻，作为一名雇员，你的职业生涯很可能已经到天花板了。

有人给我留言："我脾气不好，能力不行，才华不够，也没啥特长，该怎么办？"我也不知道怎么办。一个对自己的毛病了如指掌的人，会不知道怎么办吗？

对于缺乏自制力的人，给他提再多建议也枉然。

一份成就感不高的工作意味着，你得花更多的时间和精力来对抗无聊，对抗无用功，对抗内心的抵触。

当花在对抗上的时间比花在做事上的时间还多的时候，那就值得注意了，兴许你正一步一步滑下深渊。

30岁以前，换工作仅仅是换工作而已；30岁以后，换工作就是换事业，而换事业可没那么容易了。对某些人而言，一旦跨过30岁这个坎儿，可能找工作都成问题。不信你去招聘网站看看，是不是很多岗位都明确地写着"年龄限30岁以下"？

活到30岁，晋升快的人早已是总监、副总了，一把年纪的你，好意思去跟一堆"95后""00后"争一个专员岗？那得需要多大的勇气？

内在进化
——你要悄悄拔尖然后惊艳所有人

我说过：一个人的成功，不是随便走几步就抵达的，同样一个人的困境，也不是撸撸袖子就能逆转的。

有些事，十年前动手的时候你就该想到后果；有些路，十年前踏上的时候你就该料到尽头；而有些工作，十年前入行的时候你就应望见前景。

当你深陷泥潭才开始惊慌，不客气地说，已经太晚了。

别人用十年的时间上坡，你用十年的时间下坡，此时要从人生的低谷中走出，不花个三五年，可能吗？

曾在某网站瞥见一条留言，说："哭着吃过饭的人，是能够走下去的。"这句话令人眼前一亮。没带伞的孩子们，生活不都是这样的吗？谁没有在深夜里痛哭过？谁没有被雨水打湿过？

对于发展得不好的"92前中老年朋友"，边哭边吃边走也不失为一个好办法，而对于前途无量的"92后年轻人"，只想提醒你们：千万别让自己沦为一只行走的酒囊饭袋。

苦难不是财富，对苦难的反思才是

1999年，高二就辍学的田丰在打工两年后南下闯荡，刚从广州火车站下车便遭遇扒手，行李被偷，全身上下仅剩下100元。此前，田丰本打算去珠海的，但无奈路费不够，转而奔赴深圳。

1999年的深圳，没资金、没技术、没学历的人，找工作是很难的，而田丰又不愿进工厂，想来想去，唯有卖保险一条路可行。频繁奔走于人才市场多日，田丰终于找到了一份卖保险的工作，面试也通过了，却遇到了政策上的障碍。

据说，那时候从事保险业需要有深圳户口担保，而田丰人生地不熟，找不到担保人。无奈之下，田丰去求助巡警。好心的巡警有感于田丰的诚恳和老实，决定做他的担保人，但巡警的户口是集体户口，单位不予盖章。

内在进化
——你要悄悄拔尖然后惊艳所有人

辗转多日,田丰依然没有找全两位担保人,但他真的很想去卖保险。原因很复杂,除了上面说的"不得已"之外,还有一些别的原因:田丰幼年丧父,母亲改嫁,童年过得痛苦而艰辛。当他在报纸上看到有位孩子的父亲意外身亡,因为其父生前买了保险,孩子没有辍学,田丰在内心里已经对保险业产生了向往。

但没有担保人,田丰就进不了这个行业。正当他为此一筹莫展的时候,田丰接到了面试他的经理的电话。了解田丰的处境之后,经理决定为他做担保。

故事远远没有结束。虽然有了从业资格,但出不了单却是个大问题。因为,卖保险是靠提成吃饭的,有4个月的时间,田丰一份保险也没卖出去。没钱坐车,他每天跑步去上班;没钱吃饭,他每天晚上去玻璃厂擦瓶子赚点儿外快……

这样的生活持续了3年之久。

某一天,经理把田丰叫到跟前,意味深长地对他说:"田丰,不是每个人都适合卖保险,你把卖保险的这份精神用到其他任何一件事上,都能干出一番事业。"田丰一下就明白了经理的意图,纵然不舍,还是选择了离职。

"也许经理说得对,自己并不适合卖保险。"田丰想。

卖了3年保险一无所成,田丰听从朋友的建议进入了广告公司。

第一章 升维思考：从根源上解决问题

广告业的艰辛也不比卖保险少，但田丰在广告圈摸爬滚打十余年后，跳出来自己开了公司，实现了真正的财务自由。如今，田丰已经是二度创业，欲从互联网领域杀出一条血路。

这个世界就是这样，它永远不会在意你过去有多艰辛，也不会在意你曾经有多努力。正相反，艰辛是你必须承受的代价，努力是你务必拥有的态度。要想出人头地，你就得学会对生活冷漠一点儿，对自己狠心一点儿。

当你对生活的风刀霜剑习以为常的时候，也许就是化腐朽为神奇的时候。

相比之下，孟天的遭遇更令人咋舌。

2005年，18岁的湖南小伙儿孟天一个人到江浙一带闯荡，经由亲戚引领踏进了货运行业。从摩托送货开始，奋斗3年后，孟天创办了自己的货运公司。

孟天善于与人打交道，属于那种天生的生意高手。在整个行业都在争相压价、恶意竞争的时候，孟天联合十几家同业公司进行了重组，以协议的形式集体锁定价格，保证了利润空间，迅速成为江浙地区的翘楚。

这一举动让孟天在货运行业干得风生水起，也让他和当地企业结下了难以化解的仇怨。突然有一天，一批不速之客提着砍刀上门，要孟天关闭货运公司，离开所在城市。年轻气盛的孟天死活不愿意，于是双方发生激烈的争斗。孟天双手致残，奄奄一息，许多员工都被打成了重伤，公司财产也被洗劫一空。

孟天眼睁睁看着自己一手创办的公司灰飞烟灭。此后两年，孟天跌进了命运的深渊，一度患上了抑郁症，好几次想自杀，但手连刀都握不住……

两年后，孟天逐渐从绝望中缓过劲儿来，想做点事儿，但不知道做什么，关键是双手均已残废。

孟天决定南下。

起初，依靠朋友的接济，孟天在深圳某闹市区卖起了麻辣烫，但生意不温不火，最终放弃。接着，孟天又做了很多生意，山寨机兴起的时候，孟天把赚到的钱都投进了手机业务，结果赔得血本无归。直至后来进入了服装行业，才终于东山再起。

从常人的眼光看，孟天也算小有所成了吧，但他如今已经在新的领域开始了第二次创业……

当我听到孟天的故事时，内心震惊又赞叹，简直不能再励志了。这就是真真切切的小人物成长之路：你所羡慕的光鲜亮丽，背后都暗

CHAPTER / 01
第一章 升维思考：从根源上解决问题

藏呕心沥血。

踏进创投圈这一年，我前前后后接触过近百位创业者和几十位投资人，其中，不乏卓越者和聪明人。作为一位游走在创业圈的边缘人，我有幸听到了许许多多别样的人生故事。

在"万众创业，大众创新"的浪潮里，不计其数的大鱼、小鱼腾起又坠落，也有的被风浪拍死在沙滩上，竞争激烈而又残酷。

龙应台先生说："一滴水，怎么会知道洪流的方向呢？"个人的奋斗，一旦被放进时代的大潮里去考量，总有种"肉包子打狗，有去无回"的错觉。

成功与失败，都像是被预设好的某种模式，我们总是以为自己很努力，在自己感动自己的状态里越陷越深。殊不知，挣扎的结局还是挣扎，痛苦的尽头还是痛苦。欲求超脱的人，总得不到超脱；欲求幸福的人，总得不到幸福。正因为如此，生活每一次偶然的宽宥都显得弥足珍贵。

这不是悲观。我总觉得，入世之后才有资格谈出世，亲历苦难才有资格谈乐观，直面负能量才有资格谈正能量。否则，一直隔纱看人、隔窗窥影，就永远看不到世界的本真。

内在进化
——你要悄悄拔尖然后惊艳所有人

最近我心里突然生出一个问题：人生中最艰难的时刻是什么时候？我琢磨了很久。

听说，自然分娩的疼痛级别高达12级，那么对女性而言，分娩会不会就是人生中最艰难的时刻？又听说，千万富翁倾家荡产、一夜白头，那么对男性而言，事业受挫会不会就是人生中最艰难的时刻？

我不知道，但我确信，自己人生中最艰难的时刻还没到来。

写到这儿，我突然想起初中老师在课堂上背诵奥斯特洛夫斯基那段名言时摇头晃脑的样子："人生最宝贵的是生命，这生命属于每个人只有一次。人的一生应当这样度过：当他回忆往事的时候，不因虚度年华而悔恨，也不因碌碌无为而羞耻。"

在行将就木之前，一个人怎么知道自己最艰难的时刻是什么时候呢？或许当我走到那个节点的时候才会明白，或许人的一生并没有什么所谓的艰难与轻松。唯一可以肯定的是，人的一生，每一个时刻都很珍贵。如同每一件大事都是历史长河中的一朵水花，每一个艰难的时刻也不过是漫漫人生路上的一朵浮云。

譬如现在的你，执迷于工作、爱情、事业，执迷于一切无法掌控的可能性……所有的这一切对于当下的你都很重要。但是，当时间流

第一章 升维思考：从根源上解决问题

逝、尘埃落定，当你直面生死的时候，这些东西又有多重要？

想起不久前的某个周末，我和朋友到外面吃饭，当我们走在灯红酒绿的大街上，朋友感慨说："为什么这个城市里有些人赚钱如此容易，我们赚钱就那么难呢？！"

说实话，要是放在几年前，我也十分感同身受，但见了太多普通人逆袭的艰辛之后，我没有轻易附和他。我对他说："每一个看似赚钱很容易的人，都经历过筚路蓝缕的阶段。"

为什么那么多人赚钱比你容易？因为他们比你能干，比你聪明，最关键的一点，在你看到他们光鲜亮丽的生活时，他们已经呕心沥血奋斗了几年、十几年、几十年了。

我们年轻人还是太急功近利了。其实，在二三十岁这个年龄段，绝大多数人都会面临相似的困惑，谁也不知道翱翔苍穹的机会什么时候到来，穷困潦倒的日子还要持续多久，但要我说，自始至终挺住，你的春天就不会远了。

当你把所有的困难都当作生活对你的磨砺，你就会越来越锋利；当你把所有的困难都当作生活对你的折磨，你只会越来越虚弱。你说，哪一种姿态更接近你所渴望的成功呢？

古人说：艰难困苦，玉汝于成。意思是：欲成大器，必须经过艰难困苦的磨炼。你远远未到人生中最艰难的时刻，你也远远未到瓜熟蒂落的时刻。

作为一朵花，在结果之前，最好的姿态就是盛开；作为一个人，一个年轻人，在成功之前，最好的姿态就是努力——哪怕努力换不来成功，也请坚持努力这种状态。

第一章　升维思考：从根源上解决问题

晋升还是跳槽

1

在一家不大不小的公司，做着可有可无的工作，也许这就是你目前的状态。食之无味，弃之可惜，这种感觉我懂。心里已经挣扎了无数次：要不要辞职呢？要不要辞职呢？……

"你说，我到底要不要辞职？"心里斗争了半个月后，小林悻悻地问我。

他给我讲了自己在公司的种种"遭遇"：奇葩的领导、奇葩的同事、奇葩的制度、奇葩的业务……就差公司没取名"奇葩文化有限公司"了。我叹了口气，也不知道说啥。

这已经不是小林第一次跟我发牢骚了，恍然间我又看到了自己过去的影子。

记得我第一次辞职的时候是刚出差回来，差旅费报销流程都没有走完，因为出差的花销是我自己垫付的。出差5天，我觉得自己已经很努力地去完成领导交给我的任务了，但并没有得到认可，反而在开会的时候被臭骂了一顿。

一怒之下，我当天上午就提交了辞职申请。

"报销的钱我不要了！"一种愤怒的情绪将我积淀4个月的不满全都激发了出来，当天下午我就收拾好东西，"大义凛然"地离开了公司。

那是我毕业后的第一份工作。我强烈地认为公司的总经理不行，我无数次听到身边的同事抱怨总经理太难相处，人品有问题，云云。这些俨然就是我辞职的最好理由。

想不到意气风发的我，在初次跨进职场就遭遇了霜侵。但我的直属上司对我真的很好，跟着他我确实学到了很多东西。但从整体来看，繁重的工作、恶劣的老板、长时间的熬夜，让我感到前途渺茫。那时，与我同来的十几位小伙伴都快走光了，包括我在内仅剩两个。

那是一家制造业龙头企业的分公司，虽然工资不高，但包住宿，有餐补，关键是离家近。就冲离家近这一点，我爸妈也坚决反对我辞职。

但最终我还是顶住家人的压力，毅然决然地辞职了。那时我相信自己可以找到更好的工作，做更有存在感的事情，追逐更有价值的人生。我天不怕地不怕,我还年轻,我有试错的资本,一种愚蠢的自负统治了我的内心。

但具体要干吗,能干吗,我心里并不清楚。

2

在我对自己的定位丝毫不清晰以及头脑发热的状态下,我的朋友肖元怂恿我去北京。

肖元说:"你来北京发展吧,我们公司正在招人,凭我对你的了解,我相信你一定能胜任这份工作的。"他知道我喜欢文字,但喜欢文字和做文字工作是两码事。

当我交了辞职报告之后,第一时间给肖元发了一条短信:"我辞职了。"他说:"赶紧过来吧,我给你订机票,公司可以给你报销。"我一听,心里还挺高兴,但我告诉他,我想休息一阵子,过几天再启程,最后我们达成一致:我11月7日飞往北京。

那是我第二次来北京。时值冬季,万物萧条,寒风刺骨,雾霾氤氲,所有的一切,和我一年前来的时候迥然相异。只有一点是相同的:我对这个城市没有好感,或许这也注定了我在北京待不了多久吧。

这家公司包吃住,早上提前5分钟起床仍绰绰有余:2分钟洗漱,

3分钟步行到公司打卡。中餐会有餐馆把盒饭派送到公司，下班后我和肖元则一起四处游荡，品尝北京的各种美食，吃完再慢悠悠地晃回宿舍。

所谓的宿舍，不过是公司租的一间十几平方米的仓库改装房，白天进去黑漆漆的，像是在隧道里穿行。北京的冬天是有暖气的，因为没有通风口，所以室内温度往往比夏天还高。我第一次体会到，原来冬天可以这么热。由于我睡在上铺，正上方就是暖气出风口，整晚我都要忍受着热浪的炙烤。

因为需要我做的工作要求太高，作为一个刚毕业4个月又没有受过针对性训练的新手，压力很大。我很迷茫，从跃跃欲试变成了苦苦挣扎；从满腔热血变成了僵持不下、进退两难。最后我辞职了，只拿到了20天工资的80%，连来回路费都不够，倒是自己带来的钱花得一干二净，真是赔了夫人又折兵。

应该说，这件事对当时的我刺激是很大的，那时离过年还有一个多月，直接回家太丢脸了，我决定先避一避风头再回去。这么想着，半个月时间，我在北京城走了许多地方，也不算白来一趟。

3

第三次辞职是在深圳待了一年之后，那时肖元邀请我加入他们的

CHAPTER / 01　　　　　　　　　第一章　升维思考：从根源上解决问题

创业团队。从3月开始催我，一直催到第二年的4月，我终于还是辞职了。

刚开始我是拒绝的，因为刚来深圳我就喜欢上了这座城市，单纯地想在这里待一段时间，好好沉淀、磨练一下。

我再也不想经历从前那种遭遇了，我觉得自己刚刚适应了这个行业、这个岗位，以及这里的人。因而尽管肖元前前后后给我打了十几个电话，我都没有动摇。

但你知道，在一个体量越来越大的公司里，岗位的划分、职能的安排是精细化的。几个月后，我就开始感到厌倦，每天重复来重复去都做那些事儿，和搬砖没多少区别，只不过是换了个环境在互联网公司搬砖而已。我经常怀疑自己的价值，对自己前途的担忧再次涌上心头，不过，这一次我动作没那么快。

我是一个执拗的人，很早就决定了要在这家公司至少干一年，不到一年我不走，除非被炒。频繁换公司对我的伤害已经不止一次了，我决定沉下心，放下所有的顾虑，专心致志做好力所能及的事。

事实证明，那一年我收获满满。我不光做成了好几件从前根本不可能完成的事，还结识了不少优秀的小伙伴。尽管没有攒下多少钱，但这些收获已经让我感到欣慰。

后来，我觉得可以尝试换一种生活方式了。毕竟，在一个边缘性岗位上，想出头并不容易。虽然我喜欢这个行业，但我希望做更重要的工作，离职的想法再一次出现。

辞职的那天，是我年后刚返回公司的第二天。头天我挣扎了好久还是忍住了，毕竟开年第一天辞职好像真的不太好，但是在第二天我还是义无反顾地提交了辞职申请。先是人事经理谈话，后是直属上司谈话，好说歹说，我都一副"壮士一去不复返"的心态。

一个月之后，流程全部走完，正式离开。

那是我来深圳后第一份工作，虽然不那么重要，却是我步入职场后真正意义上的一份工作，我对它投入了许多的感情和精力，虽然距离我理想中的结果还很远，却也无怨无悔。

4

小林不止一次跟我讲过辞职的想法，从他辞去上一份工作到两个月之后再次产生离职的念头，我的建议都是一致的。

"不要辞了，安安心心学点儿东西。"我说，"你刚毕业几个月，就换了这么多次工作，你收获了什么呢？无论哪一家公司都大同小异，你以为换一家公司就会时来运转吗？没那么简单。"

这是我经历了许许多多变故之后才明白的：如果你只是一块石头，那么即使搬到御花园里也只是石头，你并不会因为环境的改变而发生质的变化。此时你真正需要的不是跳来跳去,而是冶炼、锻打、淬火、提纯……去除身上的杂质,让自己变得更优秀、更专业、更有品位,这是一个艰难的过程,但一定是增值的过程。

你不想做现在的工作,那你好好想想你能做什么工作?如果你有能耐,换工作也没什么大不了啊。但如果换了一个和现在差不多的公司,依然做着可有可无的事情,那换和不换有多大区别呢?你换来换去,最后哪一个岗位都没有做熟,哪一个专业都没有做精,何必呢?

我的态度是,既然要跳,那就跳得高一点儿;如果不是跨越式提升,还不如不跳。

你说,只有试了才知道合不合适,可哪有那么多机会给你试呢?你已经是奔三的人了,怎么好意思说你还年轻,还有机会重头再来?没错,你比60岁的老人年轻,但60岁以前,留给你瞎折腾的时间还有多少?

3000元和3500元的工资有区别吗?5800元和6100元的工资有区别吗?你说有也无可厚非,但这几百块钱恐怕还不够抵消你找新工作的成本吧。

你说,你想换工作不是因为钱,是因为领导不好相处,这确实是个挺棘手的问题。不过,为什么别人能够相安无事,你偏偏忍受不了呢?

如果你觉得领导无法相处,那我就想问:当初你为什么要选择留下来？看人何尝不是一种能力？与领导相处又何尝不是一种能力？你确定真的只是领导的问题？

总而言之，无论辞职与否，在下定决心之前，务必对自己进行重新认识，暂且不管你想做什么，先考虑一个问题：自己究竟能做什么？

5

其实很多人对自己的定位是非常不清晰的，既不知道自己想干什么，也不知道自己能干什么。对于这样的人，我觉得你辞与不辞，结果都不会好到哪儿去。或许你换了份工作，工资增加了一两千，但你的职业天花板也显而易见。

你有多大的能量，就会发出多大的光芒；你能发出多大的光芒，就能照亮多大的天地。光芒无边，天地无限，除了最大限度地集聚能量，恐怕没有更好的办法了。

当你真正沉下心来，会发现值得你钻研的东西是很多的。这个世界不怕没有能力的人，就怕没有能力还想索取更多的人。事实上，当你能够做出更大贡献的时候，你收获的回报也不会太少。

有位朋友对我说，他的老板曾对他说过一句话：做事情要做到"让老板觉得欠你"为止，而不是"你觉得老板欠你"。他又表示，那时的他并不明白这句话的深意，甚至是抵触的，但工作了若干年之后,他明白了,此时他已经是某公司的市场总监了。

这句话是什么意思呢?

简单来说就是:付出在先,索取在后。与此同时,你必须接纳一个事实:回报永远低于付出,不会等于,更不可能大于。无论是心理上,还是事实上,付出与报酬从来都是不相匹配的,这是剩余价值存在的基础。

但你完全不必因此而吝啬自己的付出。因为你的工作不仅让你收获了薪水,更重要的是,它让你收获了谋生的本领——兴许是你安身立命的技术,或为人处世的能力,再或是独一无二的资源,等等。这是一种难以用金钱来衡量的回报,很可能在你未来的人生中会持续为你带来收入。

比起这些,眼前的那一点点工资,又算得了什么呢?

内在进化
——你要悄悄拔尖然后惊艳所有人

你就是自己的"金饭碗"

⟨1⟩

我爸妈曾热切期盼我成为一名老师。因为,在他们眼里,教师这份职业是"铁饭碗"。

然而,作为一名英语专业的毕业生,工作这几年,我从未做过一份和英语有半毛钱关系的工作。

第一份工作,我通过了国内某500强企业的校招,这是我人生中第一份工作,岗位是市场专员。老实说,那时的我连市场专员是干什么的都不知道,只是单纯地想做一份"外向型"的工作来重塑自己。

在大多数人看来,毕业就放弃专业,是一个十分冒险的决定。当时的我心里自然清楚,但我没有更好的选择了。

我不可能去做一名老师,因为我不想过每天都重复的生活。

上高中的时候,一位老师对我们说:"教师是这样一份职业:站在三尺讲台上，就可以看到自己20年后的样子。"从那时起，我就断了当老师的念头。

不过，我的同学们大多还是去当了老师，这基本上是英语专业的学生最稳定的就业方向了。除此之外，还有去做外贸的，有去做翻译的，还有回炉考研的……

不过，这些都不是我的出路。

2

起初，我曾先后换了好几份工作，但薪水都赶不上那些从事本专业工作的同学，与此同时，我也常常陷入纠结：我学了4年的英语，最后却夹着尾巴选择了逃离，到底对不对？

夜深人静的时候，我反问自己：即使我做了专业对口的工作（比如老师），我又能怎样呢？我会发展得更好吗？我会开心地工作吗？我永远不用换工作了？……

纠结来纠结去，我始终无法给出自己一个坚定的答案。"那就一条道走到黑吧。"我对自己说。

工作三四年之后，我身边的同学朋友都不同程度地陷入了焦虑之中。每逢聚餐，大家讨论最多的话题是职业生涯转型。

做老师的同学念叨工资低，做外贸的同学抱怨熬夜累，做翻译的同学痛陈加班苦……总之，各有各的烦恼。

有的人已经换了几次同类型的工作，有的人已经逃离了本专业，还有的人重拾书本回炉读研，就是那些留洋深造过的海归同学，也无可幸免地遭遇了转型困惑："我还要在这个行业待下去吗？""如果离开这个行业，我还能做什么？""北上广房价太高，小县城工资太低，我该何去何从？""我早就想辞职了，只是担心找不到薪水更高的工作。"……

3

某次聚餐，一位朋友对我说："我还是羡慕你啊，一直做自己喜欢的事，上班有工资，下班有外快，真潇洒！"

我苦笑了一下："得了吧，我都快吃不上饭了。工作干了四年没存下几个钱，公众号写了两年没圈到几个粉，全凭一口老血死撑啊！"唯一值得一提的是，我不太担心下一份工作的着落。

我从来不把工作当成我的救命稻草，更不对它寄予薪水和能力之外的过多期望。从某种意义上说，在我眼里，能力比薪水重要100倍。而工作，充其量就是一块跳板：上班，与其说为了赚钱，还不如说是对自己的投资。

过去两年，我将大把的精力投入在"经营"自己上：看书、学习、做公众号……如你所见，我之所以能零零散散赚一些广告费，都是我前期勤勤恳恳付出换来的结果。

其中的艰辛若非亲历，又有多少人能体会呢？

前面有篇题为《苦难不是财富，对苦难的反思才是》的文章，我想表达的意思是：人生是需要经营的。你无须羡慕任何人，没有莫名其妙的飞黄腾达，亦没有无缘无故的万劫不复。

◆ 4

我们的父辈，许多人一直沉浸在"铁饭碗"的梦幻里。他们当中有的人端了一辈子的"泥饭碗"，所以把端"铁饭碗"的希望寄托到了子女身上。

殊不知，时代的变化比想象中还快："泥饭碗"的时代还没落幕，"铁饭碗"的光辉已经黯然了。

计划经济时代，一度物质贫乏、生活艰苦，老一辈人眼中的理想职业是"铁饭碗"，即在一个地方可以待一辈子，只要不犯什么大错，就不愁没饭吃。

而如今，这个时代已经一去不复返，在市场化、商业化程度越来越高的今天，还有多少"铁饭碗"可以端呢？所有的"铁饭碗"最终都有可能变成"泥饭碗"。

所以，只有"金饭碗"才能喂养我们。所谓的"金饭碗"，不是在一个地方待一辈子，而是走到哪里都有饭吃。

老实说，这绝不是一件容易的事，因为"金饭碗"不是别人给的，而是你自己打造的。

在可预见的将来，极有可能你一个人就堪比一家公司，而你就是你自己的饭碗。经营好自己，就是为自己打造了一只"金饭碗"，你做好准备了吗？

CHAPTER / 01

第一章　升维思考：从根源上解决问题

人的一生都在不停改变

<1>

记得大学时候，老师跟我们讲过这样一句话："你们现在在学校里，成绩好一点儿、差一点儿说明不了什么，等你们毕业了，走进社会，只要5年时间，你们同学之间的差距就会变得非常大。"

如今看来，根本不需要5年，3年过去，彼此的差距已经一清二楚了。

环视四周，几乎所有人都活得比你好：工作了的待遇比你好；读研的学历比你高；回乡发展的生活比你惬意；走出国门的视野比你开阔……好像就你自己活得最差。

那么，究竟该如何看待同龄人比你活得好这件事呢？

记得在××公司工作的时候，有件事令我印象非常深刻。有一天，我的工作邮箱突然收到了一封邮件：××于2012年加入本司，工作能力超群，成绩斐然，显出了卓越的领导能力。经公司研究决定，

内在进化
——你要悄悄拔尖然后惊艳所有人

现任命××为公司副总裁。

××是一名大专生,"90后",此前为公司行政经理。他当时才24岁,工作也才两年就被一家近200人的公司直接提拔为副总裁。

我虽与他同龄,发展的速度却相差十万八千里。

这是我第一次看到自己与同龄人的差距如此之大,这件事对我的触动很大。

2

前段时间,因为工作关系,我采访了一位投资人,他算是我遇到的投资人中最年轻的一位,1985年的。

要知道,投资这个行业,整体从业年龄是偏高的。因为,这是个土豪的圈子,不仅需要实力,更需要阅历。若非"富二代",合伙人级别的投资人很少有低于40岁的。

他的厉害之处不止是年轻有为,他是学体育专业的,而且来自农村。大学时代为了挣生活费而开始创业,26岁时成为某知名企业的高级副总裁;如今31岁,已经是两家投资公司的大股东。而且人家在精神层面也不甘人后,对哲学、心理学颇有研究。

和他聊了一个多小时,我只感叹人生竟然还能这般精彩,真是相形见绌。

年龄上,我与他相差不过5岁,但是和人家一比,简直是一个地下,一个天上。

采访结束后,我不禁问自己:5年后的我会活成什么样?

◇ 3 ◇

老实说,看到同龄人比我发展得好,我的内心是焦虑的。别人都一个个登上人生巅峰了,自己还这么苦,我也会不安。

好在我能尽快让自己平复下来。也是因为性格的原因吧,我自认为比较沉得住气,相信大器晚成。周华健不也是这么唱:"没有人能够随随便便成功"吗?

我自知自己资质愚钝,颜值一般。颜值除了整容也改变不了多少,资质却可以通过后天弥补。我只能选择靠才华吃饭——做不了偶像派,还可以努力成为一个实力派,不是吗?

一想到这儿,我又有了新的动力。

《增广贤文》里有句话我很认同:"莫将容易得,便作等闲看。"大意是:不要把容易得来的东西,看成稀松平常之物。

所以,当我们看到别人比自己混得好的时候,是不是把事情想得太简单了呢?

别人发展得好,不是凭空而来的。你只看到别人发展得好的结果而已，却没有思考人家发展得好的深层原因。

你自认为比别人勤奋，但光勤奋有什么用？更何况，你的勤奋极有可能是一种错觉——当你执着于错误的选择时，往往越勤奋越狼狈。

别人用最简单有效的方法就解决了你挠破头也解决不了的问题。

4

决定你发展得好与不好的关键，不在于你勤奋与否，而在于你的能力所能创造的价值——你是作家，就用作品说话；你是销售，就得用业绩说话。

这些可能与勤奋有关，但勤奋远未触及核心。换句话说，勤奋只是取得成就的一种途径，它可能是压倒失败的最后一根稻草，却难以称得上是撒手锏。

当你看着同龄人一个个走在了自己前面，其实不必大惊小怪，人与人的差距从出生起就存在，只不过二十几岁这个年龄段的差距被放大了一点而已。

从心理层面上讲，别人发展得好不好，跟你没有什么关系。别人发展得比你差，你就会很开心、很有优越感吗？如果是，只能说明你见不得别人好。

当嫉妒情绪出现时，你可以这么提醒自己：没有比较，就没有伤害；主动比较，就是自我伤害。

从现实层面上讲，现在的生活可能不是你想要的，但一定是你自找的，自己酿成的苦果自己吃。起点低、资质差、没背景，你还想躺着赚钱？

生活不会因为你勤奋就对你网开一面！生活也一定不会一直亏待勤奋的人。

最后一点，也是最直白的一点：比你发展得好的同龄人，不见得比你优秀；虽然现在比你发展得好，以后却未必。但凡不是通过自己努力得来的，皆不值得羡慕；但凡可以通过自己努力得来的，绝不轻易认怂。

第二章　深度复盘：成长有捷径

内在进化
——你要悄悄拔尖然后惊艳所有人

你靠什么过那 1% 的生活

①

秋愚是我的高中同学，交流虽不多，关系却很好，是难得的能够交心的朋友。

在为人生中最重要的一次考试拼命的日子里，我们曾非常坦诚地交流过。那时我自认为学习还算勤奋，但要说比我还勤奋的，她无疑就是其中之一了。

那时，我刚从普班转入快班。"我觉得你是那种'不鸣则已，一鸣惊人'的人，我看好你。"依然在普班的秋愚鼓励我说。

那时的我性格腼腆，不爱说话，听到这样的夸赞，只是淡淡地笑笑。说实话，我一直都不是很自信，但我的骨子里一直都有一种不服输的精神。因而，尽管屡战屡败，也从没有磨灭我的意志。我总觉得自己是可以做点儿什么的，这给了我孜孜以求的动力。

CHAPTER / 02

第二章 深度复盘：成长有捷径

秋愚学习比我还勤奋，但成绩的提升好像并不明显。在那些日子里，我们经常在一个教室里各看各的书，各做各的作业，偶尔也聊聊天。

在普班里我的成绩是最好的，但从来没感到过一丝高兴，相反常常愁眉苦脸，因为我心中真正的对手是快班同学。只有超越他们，我才有可能考上重点大学。

2

一年之后，我终于实现了进快班的愿望。也是从那以后，我和普班的绝大多数人切断了联系，除了关系很好的几位，包括秋愚。

那时的秋愚，依然每天5点起床，早读后洗漱，几乎每天都是我们年级里第一个走出宿舍的人。晚上大家都回宿舍了，她又转移阵地去公共教室上晚自习。

秋愚的勤奋是有目共睹的，几乎所有老师都知道，同学就更不必说了，但她的成绩还是提不起来。

就在高考前的最后一个月，很多同学都放松了心态的时候，她也没有动摇。那时，每天傍晚我们都会在楼下的操场上打羽毛球，但从来没有见过秋愚的身影。

她不在宿舍就在教室，如果都不在，那一定在食堂。高考成绩出来的时候，在学校公布的成绩排行榜上，我特意留意了她的名次：217

名，她被一所省内的三本学校录取……

3

此后多年，我们天各一方，渐渐失去了联系。

大学毕业半年之后，我去了北京。偶然的一天，我听说秋愚也在北京，于是果断拨通了她的电话。那天，久别重逢，很开心。

直到那一天，我才知道秋愚来自单亲家庭，家里条件并不好。她的妈妈将所有的希望都倾注在了她身上。在最困难的时候，她妈妈当过保姆、捡过垃圾，她不想、也不敢辜负妈妈对她的期盼。虽然她有时候坐在教室里也会胡思乱想，但不在教室的时候心里只有害怕，害怕考不上大学，害怕让妈妈失望，害怕自己突然崩溃，其实很多时候她都是在死撑。

聊着聊着秋愚就哭了，很伤心。

但我无法安慰她，因为在我以往的意识里，觉得一个人不成功一定是他不够努力。秋愚说，她在北京混得并不好，准备离开回老家了，虽然说是在一家大公司工作，但其实工资并不高。因为住得也不好，秋愚的脸色看起来苍白了很多。

我不知道说什么好，鼓励她坚持？我自己对未来还没规划好呢！支持她放弃？但回去又能怎样？

4

我们一直聊到凌晨两点才分别。那天，在路上我想了很多，关于过去和未来，关于现实和理想。

我们如此辛苦到底为的是什么呢？

我妈也总是劝我回去，挖苦我说，我在大城市混一年攒下的钱还不如她养头猪赚得多。但我辛辛苦苦上了4年大学，就是为了回去养猪吗？我不能接受。

但这就是现实，现实得让你无法反驳。

你口口声声说自己要留在大城市，却拿着几千元的月工资，除去房租和生活费，一个月能剩多少，想想都挺惭愧。我们大多数人就像郑钧《私奔》里唱的："把青春献给身后那座辉煌的都市，为了这个美梦，我们付出着代价。"

我们努力，一是因为我们害怕，二是因为我们心怀希望。害怕自己一事无成，又希望生活幸福美满。

我们把承受苦难当作一种投资，是希望若干年后能够收获更丰硕的果实。而上天还没有眷顾你，也许是他还没有留意到你，或者压根没把你放在眼里。

但你不得不努力，因为你别无选择——你努力，还有一丝希望；而你不努力，就一点儿希望都没有了。

内在进化
——你要悄悄拔尖然后惊艳所有人

利用已有的，换取想要的

⟨1⟩

与阿茂相识，是2014年的事情了。

那是一个周一的下午，公司组织拓展培训。按照惯例，培训开始前，新入职的小伙伴要出来露个面。于是，阿茂意气风发地走上讲台，掷地有声做起了自我介绍。

这是我第一次见到这个热血沸腾的男人：浓密的头发，挺拔的鼻梁，一身黑色西装，看起来就很职业范儿。

自我介绍完毕，回到众人之中，阿茂恰好站在我旁边，我们相互笑着打招呼。他是公司新来的培训专员，热爱演讲的他，有志把演讲当作自己的终身事业。

接触几次之后，我们就渐渐熟悉了。阿茂说，他和一群小伙伴弄了个演讲学习协会，每逢周末就一起到公共场所进行即兴演讲，有时在广场,有时在地铁……哪里人多去哪里,逮到一群人就说,已经坚持两年了。

我听了连连叹服。同龄人中,有多少人能如此"不要脸"地执着一项事业呢?

2

一个月后,阿茂辞职了。

临别前,他到办公室向我们道别,我问他:"你接下来怎么打算的呢?"他说,他准备全身心投入演讲这件事上。

没过多久,我就收到了他发来的一条群发信息。

大意是,他要去参加国内某演讲大师的闭门培训,学费要3万元,但自己一时拿不出那么多钱,希望通过众筹来完成这个梦想。

我出于好奇,就多问了几句。他知道我平素写公众号,想让我帮忙推介一下,于是我就把他拉进了我的读者交流群。

阿茂的到来,让这个群一下子沸腾了起来。他每天都会在群里发一篇自己写的文章,大家一致认为太"鸡汤",纷纷表示斥责。但他却不以为意,日日坚持"顶风作案"。

后来,阿茂把众筹链接抛到了群里,这一次,大家忍无可忍了。其中有一位群友犀利质问:"你一进群就发'鸡汤',天天发'鸡汤',

内在进化
——你要悄悄拔尖然后惊艳所有人

发一下也就算了,现在又伸手问大家要钱,我们压根儿就不认识你,你有什么资格让大家支持你的梦想?"

我赶紧跳出来打圆场,说他是我前同事,很优秀,人很好,也很有能力……说了半天才勉强平息了众怒。

3

每个人都年轻过,谁没有几个梦想呢?但为梦想买单的人,只能是我们自己,不可能、也不应该是别人。

在你籍籍无名、一无所成的时候,在你拼尽全力依然没有得到认可的时候,你应该用自己的双肩去挑起你的梦想,而不是乞求于他人助你成功。

因为,没人有义务为你的梦想买单。

《左传》中有句话:"朝斯夕斯,念兹在兹,磨砺以须,及锋而试。"这句话用来诠释梦想再合适不过了。它的意思是:早上这样,晚上也这样,念念不忘;做好准备,在最有利的时候出击。

这才是一个人破茧成蝶之前应有的姿态。

我始终认为,梦想是一个人的私事,无论它有多么宏伟,你的梦想永远是你自己的梦想。四处张扬的梦想,要么是空想,要么是骗局。

你根本无须担心你的梦想落空,把该做的做好了,结果都不会太坏,正如《牧羊少年的奇幻之旅》中那句经典的话:

> 当你真的想要去做成一件事情的时候,整个宇宙都会联合起来帮助你。

4

有一次,和朋友去爬梧桐山。

山顶上清风拂面、人头攒动,隐隐约约传来一阵悦耳的歌声。走近一看,是位戴墨镜的小伙子正抱着吉他弹唱,他的身体随着音符有节奏地抖动着。

中场休息的时候,小伙子真诚地诉说起自己的梦想。他说,他已经在梧桐山顶唱了3年了,每个周末都会来。他一个人扛着音响、吉他等设备爬上海拔900多米的山顶,一唱就是一个下午。

他的梦想是开一场属于自己的演唱会。

他没有选择去街头、酒吧以卖唱为生,而是边上班边唱歌。3年下来,他已经积累了不少粉丝和听众。所以,他决定为自己办一场演唱会。如今演出场馆已经敲定,乐队正在加紧排练。

听完他的故事,我当即决定买票。本想一张票起码也要百十元吧,但出乎意料的是只要10元。他说:"卖票不是为了赚钱,只是为了摊薄场地费。"我相信他。

我并不羡慕那些为了梦想义无反顾放弃一切的人,但我佩服那些为了梦想孜孜以求、卑微坚持的人。

因为,他们不靠别人,他们靠自己。

CHAPTER / 02

30岁之前，你最缺的不是钱，是本事

1

我有位学妹，毕业第一年就开始买基金了。在深圳，每个月四五千元的工资，是很难生存的。房租1000多元，生活费1000多元，衣服、化妆品杂七杂八再花一点儿，换作常人基本是月光。

但她仍每个月挤出1000元来"喂基"。

看起来她是个理财意识超强的人，只可惜理财水平一般。她买的基金就没有赚过，今天跌一点儿明天跌一点儿，偶尔涨一回的收益还不够扣手续费的。一年下来，含辛茹苦先后投入了万把块钱，差不多缩水了一半。

另一位朋友的理财水平似乎要高那么一点儿，他的炒股秘诀是：赚一笔就跑。一次性投入五千元，运气好的时候能赚个三五百元。

听起来挺美妙，但别忘了你得花大量时间盯着K线图。就这一点，我认为也是挺不值的。因为，时间就是最大的成本，通过这种方式赚钱，保值和增值都很难。

2

对于一穷二白的年轻人而言，我更看好通过手艺和技能去赚钱。因为在一个人的成长阶段，手艺和技能的提升更容易，而且相对可控。

有人说："我现在理财不是为了赚钱，而是为了练手。"这种想法无可厚非，但我觉得你还不如把这点儿钱用来给自己"充电"，先补一补理财知识，再练也不迟。

毕竟，不是每一个人都可以成为巴菲特，更何况青年时代的巴菲特也比你专业啊。终日幻想逆袭，成天痴迷暴富，世界上哪有那么多好事儿呢？

木心在诗中写道：凡心所向，素履可往。

我始终坚信，有些事，慢一点儿反而更快，比如赚钱。那些喜欢钻空子的人，指不定哪一天就因为无空可钻而碰壁；那些热衷搞投机的人，指不定哪一天就因为规则趋紧而犯难。

所以，靠一身本领赚钱才是长久之计，别总是幻想能快速找到什么发财的门道。

3

年初，我把微信公众号过去一年的打赏数据——共计3000多元，截图发了微信朋友圈。一位微信好友看到后给我发了一条私信："如果我没记错的话，我俩差不多是同一时间开始做公众号的，但我现在已经年入100万了，你才3000多，你这么写下去何时是个头儿啊。兄弟，来跟我一起搞培训吧，一天比你一年都赚得多！"

看到这条私信，有那么一瞬间，我心里暗暗升起一丝悲凉。突然能理解一些朋友放弃写作、逃离自媒体的行为了，也突然能理解一些同行枉顾底线、大肆接垃圾广告的行径了。

每个人都在做选择题，不是吗？一心想赚钱的人，终会因为不赚钱而离开；眼光不只在赚钱上的人，又怎么会因为不赚钱而忘记初心呢？

对大多数人来说，赚不到钱不是方法的问题，而是能力的问题。

记住一句话：想要钱，请用时间和自由去换；想要自由，请用本事去换。

30岁以前，你最缺的不是钱，而是本事！

内在进化
——你要悄悄拔尖然后惊艳所有人

35 岁以后，你靠什么安身立命

⟨1⟩

一位读者看了我的文章《如何从一份价值不高的工作中逆袭》后，联系到我。他说自己非常焦虑，35 岁了还没有混出个人样，月月拿着 2400 元的薪水仓皇度日，让我给他参谋参谋。

说实话，乍一听"35 岁"和"月薪 2400 元"，我不由得心头一紧，这人生得有多惨啊？！

一线城市应届毕业生的月薪也有五六千元了吧，就是实习生也不止 2400 元啊！成都的工资水平兴许略逊色于北上广深，但也不至于如此夸张呀……

偏偏，这就是老杨的现实情况。

老杨是 1982 年生人，旅游管理专业出身，目前是景区的讲解员。在成为讲解员之前，他做过餐厅服务员，进过工厂，干过销售，甚至当过保安,十余年换了十多份工作,却始终没有刷出存在感。

他言辞恳切地对我说:"小魏,我都这么大了,不知道自己适合做什么、擅长什么,以后怎么走呢,给点儿意见吧,兄弟!"

这个问题难倒我了。

2

我把重要的聊天记录截了屏,扔到"未见读者群",群里瞬间炸开了锅,几乎所有人的目光都聚焦在这两个点上——"35岁,月薪2400元"。

阿青说:"月薪2400元,没有一个女生会嫁给他这样的男人的。如果我找了个月薪2400元的,估计我妈会打断我的腿。我要找对象,如果在三线城市,月薪必须6000元以上,在一线城市的话,月薪不能低于两万元。"

大头小当头棒喝:"这就没得混了,无可救药了,还问啥!"

尘情总结陈词:"什么时候努力也不晚,大不了大器晚成。更多只是看上去努力,人懒借口多,而且又懒得那么心安理得,所以才有这种问题。"

……

大家议论了一晚上,公说公有理,婆说婆有理,但在一个点上基本达成了共识：老杨的现状，皆由自己一手造成，但35岁才想到改变，实在是不可思议。

后来，我跟他说："建议你从现在开始好好钻研一门技能。既然现在的工作你不喜欢，也没前途，那肯定是要转型的。比如，你对木工或者剪辑感兴趣，那就专心学一样——不要抱着玩的心态，而是要下定决心去学。立马辞职也不现实，等你该有的技能都练好了，再平稳地过渡到新的工作。"

我们大多数人，只能靠劳动生存。这就意味着，你务必要掌握一门看家本领，无论从事何种行业，拥有一技之长才是你安身立命的根本。

3

自从开了微信公众号以来，时常会有一些"粉丝"找我指点迷津，我很愿意倾听他们的故事。

一个人走向飞黄腾达或坠入万劫不复，都不是一天两天的事。《老子》里有"九层之台，起于累土"；《韩非子》里也有"千里之堤，溃于蚁穴"。

任何一种变化，都是从小事开始的，从量变到质变需要一个过程。哪怕是火山爆发，也需要地表之下的能量堆积到一定程度，不是吗？

朋友对我说："你讲几个励志故事安慰一下老杨呗。"我拒绝了。

既已身处荆棘之中,安慰能解决什么问题呢?

你用十年时间去荒废青春的时候,有没有想过有朝一日会有怎样的后果?当你蹉跎成如今这般局面,为什么没有勇气用十年时间从头再来呢?

你35岁方才幡然醒悟,那你准备用多少年来改变现状呢?

4

网上有这样一个段子:一个男人总找不到女朋友,无奈去算命。算命大师说:"你前半生注定没女人……"那人眼睛一亮,说:"那我后半生应该有吧?"算命大师说:"哎,到了后半生你就习惯了。"

对自甘堕落的人而言,人生的失败不会穷尽。然而,一个人经历的失败和挫折过多,不一定是什么好事。在某种程度上,它带来的创伤后患无穷。

1967年,美国心理学家塞利格曼曾提出一种理论,叫"习得性无助",大意是:一个人因为重复的失败或惩罚而养成了听任摆布的心态,即通过学习形成的一种对现实的无望和无可奈何的心理状态。

20多岁,正是风华正茂、挥斥方遒的年纪。无论你现在过得好与不好,一定不是某一刻突然发生的事情,所以,也千万别指望立马时来运转。

内在进化
——你要悄悄拔尖然后惊艳所有人

如果35岁以后还没有活出个模样,也不要心灰意冷,立刻开始,一点一点去改变。只要你有魄力从头开始,就还来得及。

唐人刘禹锡诗云:"莫道桑榆晚,为霞尚满天。"

老年人尚且对生活满怀期待,"80后""90后"的年轻人何至万念皆灰?

人生的路还长着呢,好戏永远在下半场!35岁,既不是人生的巅峰,也不会是人生的结束,充其量也就是个中场小憩。但这却是一个分水岭——前十年多一分努力,后十年则少一丝遗憾。

所以年轻人,不拼一把,你确定余生能睡个好觉吗?

生活是具体的，逐步调试优化它

⟨1⟩

我没想到才毕业3年，阿胖的变化会这么大。他总说自己对人生已经不抱什么希望了，我一度怀疑他患上了抑郁症，很担心他。

搬家那天晚上，他对我说："我已经预见10年后的自己一定会过得很悲惨。"听到这话我有些震惊，心里一丝凉风嗖地吹过。

"你怎么能这么想呢？"我反问他。

"我就是知道，我很确定10年后你一定会过得很好，而我会过得很悲惨。"阿胖忧郁地笑笑。

"谁知道10年后的我们会怎样？但我觉得勤勤恳恳地努力就好了，功到自然成，想太多也无益。"

"我也在努力啊，但我看不到任何希望。"阿胖反驳。

我说："你要不放弃创业，去找个工作吧，创业真不适合你。"他

内在进化
——你要悄悄拔尖然后惊艳所有人

不说话了。

他是一个比我纠结百倍的人，总是在前与后、左与右的十字路口搔首踟蹰。但他的本质是很实干的，心地诚善，讲究原则。毕业3年了，他说自己还没有适应这个社会；他说很想赚钱，又很讨厌赚钱。讨厌赚钱的人又怎么能够愉快地赚钱呢？

作为年轻人，该豁出去的时候就要毫不犹豫，但阿胖做不到，他总是既想这样，又想那样；既不想这样，又不能那样。

2

老歪是我和阿胖共同的朋友。

和阿胖一样，老歪也是个纠结的主儿。我们在餐厅一起吃饭，点菜的时候，他在两个菜品之间为到底点哪个纠结了足有10分钟。结果呢，由于心情不好，食欲不振，也没见他吃多少。

老歪一直很焦虑，他很想去大公司，但先后错过了很多大公司，比如宝洁、华为、腾讯等。彼时刚从广州找工作回来的他，看起来憔悴不堪。

老歪对我说："我很羡慕你啊，每天写写字、听听歌、弹弹吉他，工作顺心，潇洒自在。"我笑笑，也不知道该怎么回答他。真相是，正因为很累、很苦、很不爽，我才会去干这些事情，而当我去做这些事情的时候，我又找回了生活之乐。

其实，我的烦恼不见得比任何一位同龄人少，只不过我的心理承受能力还算强罢了。我焦虑，但我知道焦虑没用，也就慢慢放下了。

韩儒林先生有句话说："板凳要坐十年冷。"我们这才毕业几年？你这么着急想获得晋升，迎娶"白富美"，登上人生巅峰？谁不想？但很多事情并不是你想就能实现、你不想就不发生的，为什么非要在这些死胡同里左突右撞呢？

3

我们常常批判"非黑即白"的二元论观点，但事实上，要做一个辩证唯物主义者还真难。对于意志不坚定的人，辩证法只不过造就了一批优柔寡断的失败者，前怕狼，后怕虎，站在原地还怕老鼠——这样活着多难受啊！

当断不断，必受其乱。

记得我高考填志愿的时候，也完全是一头雾水，不知道该报什么专业。磨蹭到最后，干脆随便报了一些专业和学校，这让我在大学四年付出了很大的代价，应该说是我人生中的一次重大失误，但我也没有后悔过。

因为我知道，哪怕让我重新再选择一次，我也绝不会满意。

我认定、我想要的东西都有可能落空，真落空的时候我也就没那么伤心了；我认定、我想要的东西都有可能落空，我也就不抱太多的幻想了。而当我不幻想的时候，就有更多的心思和精力投入到眼前的事情上，当我全身心地投入，事情的结果往往也不会太坏，甚至比我预期的还要好。

这是一种良性循环。

相反，当我抱着很高的期望去做一件事，这种想法常常让我产生极大的心理压力。我很想把这件事做好，却又无法集中精力。对结果的过度担忧反而消解了我的热情。结果，越想做成的事情越是很难做成。

这就是一种恶性循环，我亲历过很多次这样的事。

◇ 4

随着微信好友越来越多，现在我都不怎么看微信朋友圈了，但无聊的时候我会时不时关注别人的动态。

每当我看到朋友圈有人转《婚姻是一件小事》的时候，我就知道：这个人一定是"单身狗"；每当我看到有人转《你若安好，便是晴天》的时候，我就知道：这个人的心情一定是阴雨连绵了；每当我看到有人转《别急，你想要的岁月都不会给你》，我就知道：这个人肯定至今依然一无所有。

如果岁月只会给你鱼尾纹,给你黄褐斑,给你穷困潦倒,给你满头白发,给你长吁短叹……你还不急?

你早该急了!而且要快速行动、脚踏实地!而不是异想天开,自娱自乐!但你也不要干着急!你要耐心一点儿、厚积薄发!而不是心浮气躁,急于求成!

所以,别期待岁月,你想要的岁月都不会简单给你!你想要的,那些腿长、脚快的人也想要!岁月也不会因为你是玻璃心,就对你格外仁慈一些!

绝不可能!

内在进化
——你要悄悄拔尖然后惊艳所有人

迷茫的时候,持续做有意义的事

<1>

恍然间步入职场就快3年了,总觉得自己还是不够成熟。某日在与合作方沟通的时候,被突然造访的陌生来客夸赞"专业",感觉挺有意思的。不过,我觉得自己一点儿也不专业,毕竟,我也才入行半年呀。

我自认为适应能力还算不错,因而无论在什么环境下都不至于太狼狈。同样的场景经历几次之后也就顺风顺水了。整体上,我对自己的表现还比较满意。

在刚开始写作的时候,我写出了第一篇阅读量过千的文章,又写出了第一篇阅读量过万的文章,之后写出了人生中第一篇阅读量10万+的文章。这对一名"文案狗"来说,真是件振奋人心的事,尤其当我收到来自"人民日报"这样的微信平台的转载邀约时,更是喜不自禁。

2

大多数抱怨生活无聊的人,往往也是无趣的,而大多数感到迷茫的人往往也是无能的。

你的时间都花在了"无聊"上,不迷茫才怪呢?不过,我想告诉你的是:无聊就是人生的常态。以我的个人经验来说,感到迷茫的时候往往都是没事做的时候。没事做,就会胡思乱想,想来想去,发现自己什么也不会,顿觉自己一无是处,前途一片暗淡。而事实上,自己能拿得出手的本事也真不多。

当你从一名学生转变为一位职场人士后,原本应该留给兴趣爱好的时间全被打乱、挤压、占据,除了工作就是吃饭、睡觉。拿到的薪酬少,干的活没营养,领导惹不起,同事不好处,家人见不着,朋友没几个……想想,你现在的状态是不是这样?

也许你还做着自己不喜欢的工作,也许你已经果断地辞职了,但你想要的都还没有得到,考虑到这一点,你的迷茫,实属正常。

如果什么事都顺心顺意,你还发那些百无聊赖的朋友圈干吗呢?

3

你问我,如果感到迷茫怎么办,按理说解决这个问题并不难,

内在进化
——你要悄悄拔尖然后惊艳所有人

一针见血的办法就是：当你感到迷茫的时候，就立刻找事做，做到吐为止。

当然，具体做什么事是需要琢磨一下的，最简单的方法是想想自己目前最需要什么。比如，如果你不喜欢现在的工作，想去做一名律师，那就买套书自学啊；或者你对自己目前的状态还算满意，那么考虑下有没有什么感兴趣的事情，比如游泳，比如打羽毛球等，报个班学一下未尝不可。

克服迷茫的关键在于，用有意义的事情将所有大块的空白时间占据。

也许你又要问：什么才算有意义？你非要答案的话，我也告诉你我的回答：你觉得有意义的都有意义。

我相信，你一定有自己感兴趣的事情，你最好一样一样地尝试一下。如果试遍了还是没找到，那也没关系，一直试下去。你可以这么想：学习总是有意义的，无论你学什么，先学点儿再说，每一次接触新事物都是一次开阔视野的机会。

如果你连这点儿自控力都没有，我也没办法。我的建议只适合那些能够掌控自己生活、愿意规划自己未来的人。当你迷茫完了，如果还没对人生绝望的话，你自然会发现迷茫也没用，不如踏踏实实做点儿事。

4

我是一个比较讲究实效的人，凡事一定要有点儿"用"才会去做，没"用"的不会去浪费时间。不过我所定义的"有用"就宽泛了，不限于回报、利益、得失等，满足了好奇心、让我觉得好玩儿，在我看来就是有用的。

所以，我不认为浪费时间是一件可耻的事。你一生有几件事不是在浪费时间呢？

时间就是用来浪费的，但生命可不是用来荒废的，树都知道向阳生长，又何况是人呢？我希望我的时间可以浪费在美好的事物上，因而，我才强烈建议你去规划自己的时间。

我迷茫的时候也曾不知所措，但熬过了那个阶段就豁然开朗了。当我开始规划自己的时间，生活就变得越来越有节奏感了。空闲的夜晚，我会安安静静地写字；乘车的时候，我会一如既往地看书；周末的时候，我会酣畅淋漓地打球。每做完一件事，我都很开心，哪有时间去迷茫？

总而言之，迷茫不可怕。记住：与其迷茫，不如用迷茫的时间去克服迷茫；与其迷茫，不如用迷茫的时间做点儿有意思的事儿。

内在进化
——你要悄悄拔尖然后惊艳所有人

没有实力,不要玻璃心

<1>

周末和老歪一起去打篮球。同组的另两位小伙伴不是很给力,其中一位可能是不怎么打球的缘故吧,屡屡失误;另一位技术还行,却不怎么上心,看起来心情很低落。

我们四人连续三场败下阵来,甚至其中一场还被剃了光头(5:0),下场的时候,老歪特别生气。"走吧!不打了!都不防人,打什么打!"老歪边抱怨边向我使眼色。

我笑笑:"别太在意,打着玩啦,又不是比赛。"

和这样的队友打球,我也不怎么尽兴,但好不容易放假打个球,我可不想这么快就回去。更何况,让这点儿小事影响心情也不符合我的风格。

老实说,在篮球场上我曾经也是一个很拼的人,每次打球都很卖力。一到球场上，仿佛全部细胞都被调动起来了，根本停不下来。我也很在意得分及失误，尤其是我自己的。但因为身高不够、技术不佳，且好胜心强，失误是常有的事。

要再碰上那种横挑鼻子竖挑眼的队友，就更加扫兴。我本来已经为自己的失误感到自责了，他还一个劲儿地叨叨，烦得要死。自责很快就转化为愤怒。结果可想而知，出去打球不开心是常有的事儿，但我又如此热爱篮球，很矛盾。

2

应该说，我心态转变的原因主要有两个，一个是被指责多了也就麻木了；另一个是随着球技长进失误少了。但球场上的不愉快依然无法避免，有人真会为了一次发球权争得面红耳赤、大动干戈，每每遇到这样的情形，我心里是不屑的：多大点儿事儿啊？

如果换作我，直接让给对方发球就完了。与其争个半天，球都进了三四个了，何必呢？出来打球不就是图个开心吗，搞得像打仗似的，很讨厌与这样的人一起打球。

但这种人还真不少，他们并不是因为在球场上才这么认真，在生活中也是斤斤计较的人，对这种人我常常敬而远之。

一点儿亏都不能吃的人，还是少接触为好。

"看别人不顺眼,是因为你自己修养不够。"我觉得这句话挺有道理的。并不是说,你要提升自己的修养,以忍受别人的不良行为,而是说,轻易动气本身就是格调很低的事。让别人的过失影响自己的心情,更是不值。

3

记得那次从北京返回昆明,我的伙伴在淘宝上订机票。本来应该买北京飞昆明的,他只盯着特价票,一个眼花买成了昆明飞北京的票,结果两张机票全部作废了(特价机票不能退)。

当时我心情也不好,但失误已经造成,抱怨又有什么用?于是我默默打开"12306"买了两张火车票。大过年的,两个人就这么站到了昆明,但一路上依然有说有笑。

还能有更好的办法吗?我是没想到。真实的情形是钱已经快花光了,又赶上春运,迫不得已只能接受站票。另一方面,我自己也不是斤斤计较的人,而此君又是我的好朋友,因而这事也就平平静静地过去了。

某天偶然看到一人发了个微信朋友圈:"你纠结,是因为你不喜欢。"我暗自笑了。本想立刻评论一句:"你纠结,是因为你无能。"想想还是没回,跟人家无冤无仇的,容易引起误会。

但那句话我是万万不同意的，你有什么资格不喜欢？你除了抱怨还会点儿别的？你不喜欢，那去做你喜欢的不就完了？但事实是，别的你喜欢的，你又做不了。

4

在前面的文章《生活是具体的，逐步调试优化它》里我举过一个比较夸张的例子：我一位朋友常常在两个菜上犹豫很久。一位细心的读者评论道："两个菜都点不就完了吗？"一针见血。

但问题在于，多点一个菜就得多花钱呀，而吃不完其实是次要因素。说到底，你之所以纠结，还不是因为你"无能"？不是说你能力不行，而是说你的实力不足以承载你过高的欲望，至少目前实力不够。

拿我自己来说：为什么搬到离公司那么远的地方住呢？很简单，因为我想住得好点儿又不愿多花钱呗，而口口声声说爱玩篮球，这里靠近篮球场，不过是借口罢了。

说白了，解决"纠结"这个问题并不难：要么让自己拥有更强的实力，要么让自己拥有更强的心理承受力。实力强，自然能掌控各种大的场面，因此也能承担更大的风险；心理承受力强，自然能化解更多不良情绪，也能抵御更多的挫折。

怕的是既没有实力又是玻璃心，生活对于这样的人一向是冷血的。

内在进化
——你要悄悄拔尖然后惊艳所有人

如何战胜无力感

<1>

一个初中就辍学卖猪肉的同学发来请帖，说他月底就要结婚了，让我务必回去参加他们的婚礼，我"自觉"地回了个红包，还不忘解释：太忙、太远、十分感谢、万分抱歉……

其实主要原因还是一个字——穷。

我宁愿用机票钱塞个红包，也不想身临其境地"自取其辱"呀。同样是26岁，人家事业都小有所成了，我还在所谓的大城市里漂浮不定，自我安慰说自己是为了追求想要的生活，又经不住凡尘俗事的诱惑，漫无目的地坚持着。

虽说"生活不止眼前的苟且，还有诗和远方的田野"，但眼前的苟且无穷无尽，诗和远方的田野遥不可及，真是件令人痛苦的事。

我并不想拆解你对未来的美好幻想，因为我们许多人，包括我自己就是一个尽管看不见希望,还时刻抱有一丝希望的人,姑且称之为"苟且之徒"吧。

这就是我们的现状:混迹于人海茫茫的城市,做着形同鸡肋的工作,拿着微不足道的工资,过着眼前苟且的生活……

诗和远方的田野,在哪里?

2

我不太喜欢用幻想麻痹自己。相反,我乐于关注现在,关注当下,关注真实,关注冰冷的生活和贫瘠的内心。

如果不能挣脱眼前的苟且,远方的诗歌和田野再美又与你何干?

生活不止眼前的苟且,(极有可能)还有未来的苟且。尤其对于心存侥幸、不思进取的人,实属必然。

所以,与其眺望远方,不如看看"这里":远方不一定有诗歌和田野,而这里却有双手和脑袋。

"生活不止眼前的苟且",这句话对于已经脱离苟且的人是成立的,因为苟且已经成为过去;而对于那些尚在苟且中苦苦挣扎的人,诗歌和田野不过是个幻梦而已。

在远方尚未抵达之前,身处苟且之中的"苟且之徒",还是默默地积攒能量吧。不要为幻想意乱神迷。有朝一日你抵达远方,相信你也能气宇轩昂地唱这首歌。

3

阳春三月，万物复苏，纠结两三个星期之后，旭杨终于下定决心向心仪的姑娘表白了。

二人来自不同的城市、不同的省份，在一个陌生的街角因为等一路公交车而相识。漫无目的的闲谈几句，觉得对方挺有意思就加了微信。后来相约一起看电影、听音乐会、游山玩水，渐渐熟知。旭杨确定，这位姑娘就是自己要找的另一半。

但当旭杨终于鼓足勇气说出"我爱你"三个字时，却被姑娘拒绝了。姑娘说，她就要离开这座城市了，为此她已经准备了大半年，这一次非走不可。

旭杨突然不知道该说什么了。

旭杨想让她留下来一起奋斗、一起打拼，但他自己都不确定奋斗与打拼最终能不能换来自己想要的生活。一句"生活总是有希望的"挽留不住那个将要离开的人，旭杨心里清楚。大城市就是这样，无数人挤破头要来，无数人悄悄地计划着离开。

旭杨是一个乐天派，尽管事业、爱情、生活一再受挫，却也很少愁眉苦脸。就是公司正式宣布关门的那天，他还带着仅剩的几个员工去楼下的小饭馆搓了一顿。

大家都很难过,却无一人责怪旭杨,因为他们都相信旭杨的能力和为人,更何况创业这件事,本身就是机会与风险并存,怪不得谁。

碰杯的时候,大家只淡淡地说了句:"从头再来。"而关于下一个项目的方向,他们已经有些眉目了。

4

我时常对自己说:不要把奋斗当成一种任务,而要把奋斗当成一种生存姿势,一种前进的姿态。

我们来到大城市,不正是因为不甘于平庸、想出人头地吗?

你总是担心自己的努力付诸东流,你何时能够全力以赴呢?你都没有全力以赴,又如何指望生活优待你呢?当你吝啬付出的同时,你也错失了出人头地的机会。

当你要求的多了,就应该付出与之相匹配的筹码才是。而唯一能够作为筹码的,就是我们的双手和脑袋。我们所有的付出,都会在我们的生存状态和生活品质上得到回应,与此同时,我们的思想和精神都获得了滋补。

额外的痛苦和辛酸,或许真的只是我们自作多情。想要的太多,得到的太少,又如何能不痛苦?

内在进化
——你要悄悄拔尖然后惊艳所有人

当你把奋斗当作一种"可能性"去对待,对未来的期许少一些,对结果的预期低一点儿,尽快接纳眼前的现实,心中的牵绊自然会少很多。

"我就是在追求我想要的生活,即使最终没有得到也无怨无悔。"这样想不好吗?

◇ 5

我曾在微信朋友圈写过一句话:像树一样生活,像风一样生长;像树一样笃定,像风一样自由。

我想说的是,对于树而言,生活只是一种状态,向上只是一种姿势;对风而言,生长只是一种轨迹,自由只是一种造型。活着,兴许真的不是为了那么多的意义。

人也是一样的,为什么一定要为理想、为生存我们才愿意奋斗呢?逆生长也未尝不是一种姿势!

唐代诗人罗隐写过一首诗:

> 不论平地与山尖,无限风光尽被占。
> 采得百花成蜜后,为谁辛苦为谁甜?

CHAPTER / 02

罗隐写的是蜜蜂,辛辛苦苦采花酿蜜,结果自己不能享用,蜂蜜尽被人类夺走。如此辛苦,究竟是为了谁呢?我们这些身在异乡艰苦奋斗的"漂客"又何尝不是这样?

第三章 高级进阶：永远寻找更好的方法

内在进化
——你要悄悄拔尖然后惊艳所有人

找准自身优势，打造持续发力点

⟨1⟩

一位32岁的宝妈在微信公众号后台给我留言："我是做会计的，想转行做新媒体。眼下正好有一份新媒体的工作，但工资比我现在低得多，正纠结要不要换。如果换的话，怕收入难以支撑家庭开支；不换的话，又怕错过这个机会。"

我反问她："你为什么要转行呢？"

她说："一开始就不喜欢做会计，天天和数字打交道，烦透了。"

我又问："那你了解过新媒体吗？"

她说："不太了解，但我喜欢写写画画的工作。"

我说："新媒体不是写写画画就能做好的，你最好深入了解后再决定要不要涉足。如果你确实想做的话，可以自己先开个公众号，一边上班一边做，时机成熟再转行也不迟。"

她说:"我白天要上班,晚上要带孩子,没那么多时间……其实,我老公也劝我说,如果我连老本行都做不好,换个行业也未必行。"

我说:"你老公说得对啊,我也不建议你换。第一,收入突然减少,你家庭能否承受?第二,你连新媒体都没有深入了解过,有多大把握做好呢?"

2

半年前,我的朋友阿良对我说,他想换工作。

阿良是一家互联网公司的文案策划。那时,他想跳槽到新媒体公司,理由是新媒体公司做运营会更专业。阿良想成为一名自媒体大咖,我理解他。

据我所知,他现在的公司属于冷门行业,也就是传说中那种"躺着赚钱"的公司。公司对文案的最大需求就是投放百度推广,这不需要多少技术含量,所以阿良常常感到英雄无用武之地。

阿良抱怨说:"我想换个环境,在这里根本学不到任何东西,纯属浪费生命,我想有个大牛能够带我一下。"

我说:"我倒想有更多时间可以自由支配呢,你现在有那么多时间,完全可以用来自我提升,就是自己开个号试试也行啊。"

阿良说:"我想到一家专业的平台,跟着牛人学习。"

我说:"想学东西得靠自己,做新媒体不是教出来的,打铁还需自身硬。你以为新媒体真有那么好赚钱吗?你只看着大号接个广告几千、几万,但你想过人家半夜'垂死病中惊坐起,想到一个好标题'的辛酸吗?"

经我一番劝说,阿良决定先开个公众号试试手。几个星期过后,圈了180多个"粉"的阿良哭着对我说:"没想到做新媒体这么难啊!我以为写写文章就能涨粉了呢……"

◇ 3 ◇

有的人换工作,是因为在这一行混不下去了,于是抱着逃跑心态换个行试试。殊不知,换了一行,人生不但没有开挂,甚至境况还更加糟糕。

一条道走到黑吧,感觉快扛不住了;吃回头草吧,又不想重蹈覆辙,转而陷入进退两难的境地。但逃跑心态一旦激活,是很难消灭的,反正他们早晚还是要换的。

可世界上哪有什么行业是轻松又赚钱的呢?容易赚钱的行业,比你聪明百倍的人老早就占好坑了,哪儿还有你的份儿?后来者要想活下去,只有两条路:要么比别人精明,要么比别人勤奋。

如果脑子不好使,又舍不得花力气,那注定是要被社会淘汰掉的。

正如网上有人提问:"读了那么多书,依然赚不到钱,读书有什么用啊?"

一位网友怒答:"不是读书没用,而是你没用劲。"

每一个开挂人生的背后,一定有一个亮闪闪的人设。如果你不够格,你的人生怎会开挂呢?

内在进化

——你要悄悄拔尖然后惊艳所有人

管好情绪是心智成熟的第一步

⟨1⟩

"连个表格都不会做,这样的人你要她干什么……"站在主管身边的芸只听清了这么一句,但她已经知道电话那头骂的是自己了。

很明显,电话是财务总监打过来的,那一口浓重的乡音令人发怵。

刚过去的周五,公司组织人员去某大学招聘,芸是唯一一位科班出身的人事经理,但她刚从大学的象牙塔里走出来,做事难免有些毛糙。有经验的人事都知道,校招是个累人的活儿——三五个人应对几百号毕业生,每天忙得跟陀螺似的。

而不巧的是,这一天恰恰是公司的发薪日,芸还得计算工资并提交财务。因为一时疏漏,芸做表格的时候只列出了每位员工应发的数据,却忘了汇总。

由此引发了开头这一幕。

CHAPTER / 03　　第三章　高级进阶：永远寻找更好的方法

刚下高铁，来来往往的人很多，财务总监一直训，训得主管脸都绿了。主管挂掉电话，转身将火全撒在芸身上。

芸不敢说话，低着头，强忍眼泪，不让自己哭出来。毕竟，确实是自己犯错在先，而且自己才毕业不到一年，不想也不愿因此丢了工作。

就这样，从高铁站到公司，芸被主管骂了一路。"那是我毕业以来最难过的一次，"芸叹了口气，接着说，"第二天主管跟我道歉说昨天太生气了……其实，这件事我不想原谅他，但又有点儿感谢他，感谢他让我长了记性；我不想原谅他，是因为我觉得公众场合这么骂人很不好……好长时间，我耿耿于怀，但后来我安慰自己：谁让你做错了呢？你不做错能被骂吗？谁让人家是领导？就这样天天给自己洗脑，一个星期我就慢慢释怀了。"

2

刚毕业的时候，我也有过类似的经历，但那时的我远没有芸那么沉得住气。因为，我人生中第一份工作就是被领导痛批后负气辞职的。

那是2013年11月。当时，我已经向集团总部提交了转正申请，可以说99%是可以转正的，但心中积蓄已久的情绪爆发了出来，我没有选择隐忍，而是做了最粗暴的决定——辞职。

所谓的"一言不合就辞职"大概就是这样的吧，虽然我至今也不为当时的莽撞后悔，但年轻气盛对我后来的职业发展造成了很大的影响。

两个月后，我进了另一家公司。彼时，"社群"的概念刚刚萌生，老板认为这是一个很好的机会，跃跃欲试，这个重任自然而然落到了我身上——新人嘛，做实验的不二之选。

在老板的介入下，我花了大量时间和精力来运营公司的社群，然而，老板却不甚满意。他认为，我们的社群非但没有给销售带来促进作用，反而消耗了公司大量的资源，直接在公司微信群里大发雷霆："我让你们做社群是要为销售服务的！你看看你们的社群做成了什么样子，一天到晚只有宝妈交流育儿经，公司给你们开工资是让你们来唠嗑的吗？"

他也不明着指出是我，但这事就我一个人负责啊。那时我还在试用期，吓得不敢说话，还好总监出面打了个圆场，我才躲过一劫。

第二天中午，总监叫我单独谈话，我的第一反应是：糟了，估计我在这家公司待不下去了。

不幸中的万幸，总监说，老板本来打算直接开掉我，但被他挡下来了，让我珍惜机会好好干。

3

工作几年后，如今再被老板责骂，我已然不会真往心里去了。事实上，很多时候老板只是在气头上说了一些过火的话而已，是我自己太玻璃心了。

那么，如果不幸遭到老板痛批，该怎么应对呢？

第一，主动承认错误，并提出修正方案。

初入职场的新人，往往自尊心极强，我自己当年就是这样，即便不当面冲撞老板，内心的抵触也是显而易见的。如果老板宽宏大量的话，也能理解你；但如果老板心胸狭窄，那你就等着穿小鞋吧。

老板正在气头上，最合理的应对方式就是先避其锋芒。如果确实是你的错误，解释再多也无济于事，立刻把你想好的补救措施和调整方案拿出来，这才是最管用的。如果不是你的错误，等老板气消了，你再跟他解释也不迟。

第二，积极改正，让老板看到改善成果。

出了错，挨了骂，事情还没完，你还得善后。通常，能够惊动老板的都不会是小事。别指望老板过会儿就忘了，你给他留下的印象已深深地刻在他心里了。想要改变这种不好的印象，你得拿出令人惊艳的成果来。

别忘了，及时向老板汇报一下工作进度，很多批评责骂，其实是由不必要的误会造成的，大多是因为沟通不顺畅。你不说，老板不会知道你的工作难度有多大；你不说，老板就默认什么都该由你来负责。

所以，千万不要等老板来追问你的进度，主动的员工更容易获得信任。

第三，调整工作方式，杜绝重复性错误。

最让老板难以容忍的往往不是有难度的工作没有完成，而是一件小事儿一错再错。如果你总是因为同样的事情挨骂，那一定是工作方式出了问题。到底是自己不长记性，还是什么别的原因？每次从坑里出来，务必要找到根源并加以改善。

第四，及时排解负面情绪。

挨了骂，内心怎么爽快得起来？此时，你需要放空自己。根据我的经验，剧烈运动、唱歌、找人倾诉等，都是排解负面情绪的有效方法。

我心情不爽的时候，会去酣畅淋漓地打一场篮球，把自己折腾得上气不接下气，哪还有精力去想那些不开心的事呢？或者约上几个好友去歌厅吼他个死去活来，什么烦恼都没了。

有的人不喜欢过于激烈的发泄，尤其是女孩子。那么，把关系最好的朋友约出来谈谈心，也是不错的选择。积压在心里的委屈，一旦说出来，也就没那么难受了。

再者，旁观者清，听听别人的看法，或许你就想明白了呢？

◆ 4 ◆

毕业第一年，我初尝谋生的艰辛，没有人指点迷津，没有人嘘寒

CHAPTER / 03

第三章 高级进阶：永远寻找更好的方法

问暖，一切只能靠自己。如果你有幸遇到一个愿意教你、带你的领导或老板，这是你的福分，一定要珍惜。

前几天，一位朋友向我求助，说他们部门刚发生了人事变动：原领导因为没有完成季度考核被调岗，而在不久前的一次部门会议上，朋友怼了他，新旧交替之间，老领导把自己的人都带走去负责新项目，唯独他被排除在外。这就造成了他新领导不熟悉、老领导不待见的尴尬处境。

我问他："你为什么要当众顶撞领导呢？"

他说没忍住……

"挨骂，也是工作的一部分。"这是我的一位前上司曾对我说的话，听起来好像显得特别无奈，但对初入职场的人而言，吞得下委屈也是一种能力。

情商低的人常常把心直口快当作勇敢，殊不知正是一次又一次的所谓的"勇敢"，断送了自己的职场前途。

如果你运气好，遇到了一个好脾气的领导，兴许不会跟你计较，但相信我，你虽然躲过了坏事，好事也基本没你的份儿。人性如此，谁会提拔一个总和自己作对的人呢？不能说没有，但是少之又少。

如果你运气不好，遇到一个牛脾气的领导，指不定哪天就被穿小鞋。领导要找下属的麻烦还不容易？沉得住气，何尝不是一种优秀品质。

内在进化
——你要悄悄拔尖然后惊艳所有人

醒醒吧!世界上没有不委屈的工作,只有玻璃心的员工。别看不惯别人比你更受待见,受待见的人必有其可爱的一面,不受待见的人必有其可恶的一面,只是你不当回事罢了。

CHAPTER / 03

第三章　高级进阶：永远寻找更好的方法

情商低，是通往人生巅峰的最大障碍

1

老王来我们公司是在2015年，那时他已经32岁了，与直属上司同龄。不同的是，上司早已跻身为公司的合伙人，而老王只是一名月薪7000元的基层员工而已。

彼时，我毕业两年多，觉得自己混得挺惨的，不过，老王似乎比我还要惨一点儿。

中午吃饭的时候，同事们常拿老王来开涮："毕业七八年了，才拿7000元的月薪，这人怎么混的啊？"

"他还自称××公司出身，吹牛皮的吧？"

……

有好事者还真对老王进行了全方位的背景调查，最终得出结论：老王只是供职于该公司的外包公司，并非该公司的正式员工。

内在进化
——你要悄悄拔尖然后惊艳所有人

后来,几个玩得好的同事私下建了个微信群,也不带老王一起玩,有的说跟他有代沟,有的说跟他性格不合,有的干脆说"这家伙脑子有病"。

老王脑子有没有病,我不知道,但他有几件事做得确实很糟。

刚来第一天,他也不跟同事们打招呼,上司开会抽不开身给他安排工作,他就一整个早上坐在电脑面前发呆,像只呆冬瓜似的。

后来大家熟识了,每天他一来办公室就叽里呱啦讲个不停,一会儿播新闻,一会儿扯历史,一会儿唠家常,令周围的同事不堪其扰。

中午吃完饭,他第一件事就是抽烟。也不去抽烟室,就坐在自己的工位上吧唧吧唧吞云吐雾,女同事都在小群里骂他没公德。

我们老板是位传奇人物,是某知名产品的创始人。一天晚上,某同事无意间在网上看到了老板曾经为那款产品所做的代言广告,就随手扔进了公司群。

一群同事大为震惊,直呼优秀!

一时间,点赞的楼层越盖越高,老板连忙亲自出来发红包"扑火"。他谦逊地说:"过去的成绩不值一提,希望大家以后齐心协力,一起做更多的事。"

这时,老王突然抽风了,他在群里抖出一段话:"对啊,过去的成绩和你有什么关系呢?你现在是我们公司的大领导,好汉不提当年勇！"对了，后面还带了三个"抠鼻屎"的表情。

此话一出，所有同事都不说话了。

小群头像闪了起来："老王到底有没有情商啊？""我看是智商有问题。""他怎么这么说老板呢，好歹那也是人家过往的成绩啊，还'好汉不提当年勇'……""脑子进水了吧？"

……

2

一个30多岁的人，说话这么没分寸，确实麻烦。所幸老板脾气特别好，没把这事当回事儿。

不过，从那以后，周围的同事纷纷和老王划清了界限，明面上虽然和和气气，但暗地里却对他日渐疏远。

第二天，老王自己解释说："昨晚喝醉了。"我心想，既然知道喝酒误事，那还放纵自己喝到醉啊？不过，恐怕很少有哪位醉汉喝酒前会这么想吧。

老王的存在，与公司的风气格格不入。他总是吹嘘自己昔日的幸福时光，什么"每天10点钟才到公司"啦，什么"天天和行业大佬一起吃饭"啦……一开腔就满嘴跑火车，也不管别人信不信，只顾自己高兴。

内在进化
——你要悄悄拔尖然后惊艳所有人

有段时间，公司启动了一个新项目，需要采访一些企业创始人，老王是执行者之一，充当"记者"的角色。因为公司手里掌握着一些发稿渠道，所以采访对象对我们这个项目非常支持。

老王倒好，第一次出去采访回来，当天晚上就在公司群里发了个大红包，自称是受访人给的润笔费，还大言不惭地向其他同事传授收取润笔费的"秘诀"。

傻子都猜得到，无非是他又一次把自己所谓的背景搬出来糊弄人。公司从上到下，所有人都看在眼里，没人说话，只是悄悄地领红包。

不过，小群里却炸了："这家伙迟早要出事儿！"

"我对他真是服了，怎么有这种人啊？"

"我敢保证：老王半年之内一定会被公司开掉。"……

3

公司规定，外出也要打卡，但老王任性就是不打。更糟糕的是，他常常偷工减料，别的同事一个采访通常要一个小时左右，他15分钟就草草结束了，回来写稿没内容的时候就自由发挥。

为什么只采访15分钟呢？因为这家伙是个夜猫子，晚上两三点才睡，早上睡到10点以后才起，他打着采访的幌子上午不去公司，无非就是在家睡大觉，所以才把采访时间压缩得几近于无。

第三章 高级进阶：永远寻找更好的方法

对于老王的自由发挥能力，我是见过的。无非是把网上的东西东抄西贴，重新排列组合，换个表达方式，再辅之以大量的套话、废话。私下里，同事们都说老王是在制造文字垃圾。

有一天，我正在自己的工位上专心致志地做事情，上司突然走到我旁边，凑到我耳边说："魏渐，王××的工作先由你接手一下啊。"我眼睛一转，瞬间明白：老王这次玩完了。

我回头一看，老王果然不在自己的工位上。

此刻，我突然想起头天晚上老王在公司群里干的又一件蠢事：

那段时间，公司几位领导经常去东北出差，顺便学了一把东北话，回来后常在公司里用东北话的调调儿开玩笑。

一天晚上，大家在公司群里聊起了这个事，老王突然跳出来发了一条禁令："你们以后不要学东北话了，太难听！"

公司的一位女副总性子直，当即怒怼："我们学不学东北话跟你有什么关系？你管得真宽！"

老王不甘示弱："因为我前任女友是东北人！"

……

很显然，老王又喝醉了。

本来大家都在大群聊得好好的，此刻纷纷转移到小群去了："看吧，我就说老王脑子有问题！哈哈哈哈……"

"真是服了服了,人才啊!"

"我墙都不扶,我就服老王!"……

4

上司交代我接手工作后没多久,老王终于现身了,睡眼惺忪的样子,一看就知道他又睡过头了。

上司直接让他去会议室。大约过了一个多小时,老王从会议室里温吞吞地出来,在自己的工位上坐着,一言不发。大家都纳闷:老王今天怎么不"跑火车"了?只有我知道:老王被劝退了。

其实,这事很容易明白:一个"老油条",刚进公司就冒犯老板,如今又得罪了副总,而自己的本职工作又一直敷衍了事,上司就是想保他也没任何理由。

划了半小时的手机,老王开始收拾桌面。一切收拾停当过后,老王背起包离开了公司。没和任何人打招呼,也没有任何人为他送行……直到傍晚下班,大家才知道事情的原委。

对于老王的离开,一位犀利的同事总结陈词说:"情商低,是一个人通向人生巅峰的最大障碍。"

捡最重要的事情做

1

几年前,我揣着仅剩的1000元,踏上了开往深圳的列车。

"深圳这么多同学朋友,还怕活不下去吗?"我给自己打气说。

刚到深圳,我花了一个星期找工作,每天应聘两到三家公司,终于拿到了一家文化公司的入职通知书。

为了省钱,我把房子租在了关外,每天乘公交车上班。要是错过了7点的公交车,我会直接去坐地铁。但早高峰期的四号线是很可怕的,清湖地铁站人最少,往福田方向越走乘客越多,车厢就越挤。偶尔会看到一些柔弱的女孩或上了年纪的老人,因为挤不出人群而不得不滞留到下一站。

文化公司的薪资待遇普遍较低,所以很多人是冲着一股情怀才到这里上班的。

内在进化
——你要悄悄拔尖然后惊艳所有人

公司流行带饭，同事们清晨都会拎个饭盒来，搁在冰箱里，中午再放到微波炉热一热。于是，我也就自然跟着一起带饭了。起初我以为大家是为了健康才带饭的，后来才知道和我差不多，主要是因为穷。

不过，既然选择了做一个"深漂"，我就没想过打退堂鼓。以我现在的经济状况，也只能维持日常花销，过力所能及的生活，有什么好委屈的呢？

2

后来，工资涨了一些，我就从同学那儿搬出来，自己租了个小单间。买了吉他、相机，还有许许多多的书；再后来，我跳到了另一家公司，月薪终于过万，我又添了洗衣机，换了电脑，入手了苹果手机……基本上一年一个变化，每一个阶段都向着我渴望的方向推进，同时，我也从未停止过努力。

我对自己说："工作是为了可以不工作；拼命工作，是为了潇洒辞职。"

所以，与其说我在追求更高的工资，不如说我在为财务自由或者成为一名自由职业者而努力。我并不在乎短期内有多少回报，我只在乎我的付出是不是创造了价值、我的能力有没有得到应有的提升。

第三章　高级进阶：永远寻找更好的方法

除此之外，吃点儿苦、受点儿累、遭点儿罪，这些都是小意思。

人一旦确立了奋斗的方向，其他的也就很难干扰到他了，真正能左右他的是智慧，是思想，是鲜活的灵魂。

我的朋友时常斥责我："你能对找女朋友的事上点儿心吗？"我说："我觉得我应该对自己再上点儿心。"以我现在的能力，还不足以点亮另一个人的人生——过力所能及的生活，有什么好着急的呢？

3

27岁的时候，我遇到了女友晨。我们是异地，隔着1700多千米的距离，一个月能见上一面已经很奢侈了。

第一次来到我的小黑屋，晨很不习惯："怎么这么黑啊？一点儿光线都没有；空调也没有，一点儿都不通风，热炸了；你那些衣服，可以全扔垃圾桶了，皱巴巴的；你能不能认真吃饭啊，天天吃快餐，哪里有营养……"待了三四天，晨重复最多的一句话是："你能不能换个好点儿的房子啊？"

我说："我刚换到这儿，附近就是科技园，上班方便。"其实我早就想换了，只是当时图便宜签了一年的合同，如果提前搬走要付几千元的违约金，转租的话又嫌麻烦。

你看，还是钱的问题。

内在进化
——你要悄悄拔尖然后惊艳所有人

网上曾有个话题：以你现在的收入，能过什么样的生活？

有个女孩说："我是'90后'，年薪50万元，已经离异，父母双亡，也不爱交朋友，平时花钱最多的地方就是旅行和慈善——其实蛮孤单的，没什么盼头。"

另有一位年轻妈妈说："我已婚，月薪5000元，女儿两岁，丈夫做生意赔了50万，突如其来的厄运压垮了我们，从前上班开车，如今上班只能骑电动车。"

……

我虽然月薪勉强过万，但在北上广深，月薪10000元能过什么样的生活呢？一个人倒还滋润，两个人的话基本上就捉襟见肘了。

但为了心中的梦想，我必须承担起这一切——过力所能及的生活，有什么好抱怨的呢？

◇ 4

毕业几年后，有些朋友信用卡透支了十几万，而我一张信用卡都没办。每次去银行的时候，柜员妹子就苦口婆心地劝我："办一张呗，我们现在有很多优惠政策……"

我说我用不着。我是真用不着，因为我不喜欢提前消费，量入为出的生活让我安心，我知道这有点儿落伍。

更重要的是，我不想成为生活的附庸。不想被信用卡、房贷什么的牵着鼻子走。相反，我要把生活牢牢掌控在自己手中，去欣赏它、享受它。

如果暂时掌控不了，那我愿意再等等，再努力努力，再试试别的办法。

在这之前，我只过自己力所能及的生活！

内在进化

——你要悄悄拔尖然后惊艳所有人

热爱是最好的天赋

1

"我是一株蒲公英,飘啊飘……"

2006年,在"××杯"全国中学生作文大赛的参赛作品里,我这样写道。

那一年我上初三,我的语文老师推荐我和另几位同学代表学校参赛,得知这一消息的时候,我既高兴,又忐忑。

但直到临交稿前的最后一天深夜,我也没有憋出一篇完整而满意的作品。

第二天早自习,语文老师来找我,示意我去教师办公室写,不必上课了。

交稿截止时间是中午12点,还有4个小时的时间,我一屁股坐到一把空椅子上,只感觉周遭的空气莫名地沉重起来。

知道逃不了了,我只能硬着头皮,摊开稿纸,奋笔疾书。也不知道是什么东西刺激了我,思绪一打开如洪水泛滥,差不多一个多小时我就把参赛作品完成了。

心想就这样吧,云淡风轻地交了稿。

几个月后的一天中午,当我经过教学楼拐角的时候,突然听到背后有人叫我:"魏渐,等一下!"

一听就知道是语文老师,我扭过头喊了一声:"老师好!"

"我有一个好消息要跟你说。"语文老师卖起了关子,春风满面又神秘兮兮状。

"噢,什么好消息啊?"

"你猜猜看。"

"嗯,是作文……大赛?"我小心翼翼地猜测。

"对啦,你获奖了!全校就你一个人得了奖,而且是市里名次最好的一位!"

"啊?这样啊……"我兴奋得快要蹦起来,但理智告诉我要低调。

"奖状我给你取回来了,你有空就来找我拿吧。"

"好的,好的!"

……

从那时候开始,我对写作的热爱一发不可收。

内在进化
——你要悄悄拔尖然后惊艳所有人

2

年初的某一天,有位小伙伴问我:"魏渐,你写作多久了?"我掐指一算,竟然有10年之久,把自己都吓了一跳。

这么多年来,我一直坚持写作。初中写了3年的日记,虽然是为了完成作业,但我乐此不疲;高中依然把这个习惯延续了下来;大学时候开始在网上发文章,不少诗文有幸被编辑加精推荐;工作以后,我开了自己的微信公众号,先后有数篇文章广为流传。

与正在上大学的弟弟聊起这些事,他对我说:"想不到你这么懒的一个人,竟然坚持写作这么久,说实话,这一点我还真挺佩服你!"

是啊,我这么懒的一个人,是怎么坚持下来的呢?

第一,因为热爱,所以坚持。

我从小就喜欢看书,上学时爱写日记,徜徉在文字的世界里,我感到其乐无穷。多年下来,兴趣已经逐渐变成了习惯。老实说,相比说话,我更钟爱写作这种表达方式。

第二,投入与产出的良性循环。

从我拿起笔开始写那一刻,我的"作品"便得到了源源不断的认可,我的老师、同学、朋友,乃至素未谋面的陌生人,都给过我许许多多的肯定和鼓励。这是我成长历程中一件特别有成就感的事情,而且这份成就感一直在加深。

第三,不以"成为作家"为目标。

曾经的我也想过成为一名作家,但后来不这么想了,如今我的梦想是成为一名"生活家",写作只是生活的一部分。写作是副业,生活才是主业。

第四,不靠写作吃饭,没有生存压力。

孔夫子说:"读书不为稻粱谋",我很向往这样的状态。本职工作足以养活我,我的写作也就无须承受不必要的干扰,能够不带功利目的地做一件事真的很爽。

第五,坚持野路子和非专业写作。

上大学时,曾听文学院的一位老师说:"纯文学都是非专业的",当时感觉耳目一新。

时过境迁,更是深有感触:对人对事,有时候保持适当的距离,未尝不是一件好事。拿写作这件事来说,科班身份既是利刃,也是镣铐,而野路子和非专业,或许更容易触及本质。

27岁的这一年,我签下了人生中第一份出版合同。没错,我要出书了。

曾经,我一度以为出书是一个遥不可及的梦,多年后的今天,我倒觉得这一切只是水到渠成、顺理成章而已。

内在进化
——你要悄悄拔尖然后惊艳所有人

这些年,我遇到过很多写手朋友。那些一心想要赚钱的,都悉数转行了;那些一心想要成名的,都销声匿迹了;那些天赋异禀却耐不住寂寞的,也大多误了才华、废了光阴。

我不是最优秀的,却傻傻地坚持了下来,也势必会一直坚持下去。

3

有个段子说:为什么成功的人总是少数?因为在成功路上,光说不做死一批,逢年过节死一批,天气太热死一批,亲人打击死一批,朋友嘲笑死一批,不爱学习死一批,自以为是死一批。

所以说,"剩"者为王。

很多人都迷信"方向比努力更重要",其实,你那么吝啬付出,怎么可能找得到方向呢?在这个世界上,太多人既没找到方向,也没有那么努力,就更别提坚持了。

唐人张彦远有言:"不为无益之事,何以悦有涯之生!"就是说,一生中要做些自己喜欢的事情,它们可能没什么用,却能让你的生活多姿多彩。

宋人陈师道感叹:"晚知书画真有益,却悔岁月来无多。"可见,一件事有用无用,也并非一成不变。

一个人的价值观,会随他的年龄、视野、认知的变化而变化。

年轻的时候,不妨多做一些喜欢的事、无用的事。别总担心时间被浪费,只要我们把时间浪费在了美好的事物上,我们就不吃亏。

坚持下去,你的"热爱"自然会长出果子来;不坚持,你的"热爱"毫无意义。

内在进化
——你要悄悄拔尖然后惊艳所有人

换个思路天地宽

⟨1⟩

我无意中看到一篇关于大张伟的文章，里面有段话令我印象很深刻。

大意是说，大张伟用80%的时间来做（综艺）节目，留给音乐的时间只有20%，把当搞笑艺人的钱都用来贴补音乐，等待证明自己的机会到来。

读来心有戚戚焉。好像，许多成功人士都经历过这么一个阶段：在才华撑不起梦想的时候，他们就用工作来贴补自己的梦想。他们之所以继续工作，纯粹是为了养家糊口，只有在倾心于梦想之中的时候，他们才能短暂地做回自己。

中国台湾作家蒋勋在《生活十讲》中提到一个现象：很多文学杂志、报纸副刊的编辑都是诗人。继而，他提出一个问题：怎么这么多诗人都是当编辑的,诗人除了当编辑还会做什么?

他的答案是:因为诗是非常纯粹的东西,大概在诗人年轻的时候,都有一种浪漫的、不食人间烟火的个性,才会去写诗。所以,诗人要去做现实的工作,应该是非常困难的。

事实也是如此,古往今来,因为生活困顿而陷入绝境的诗人还少吗?当然,绝不仅仅是诗人。

2

大学时代读到诗人伊沙的成名作《饿死诗人》,心中感慨万千。诗中,有这么几句:

> 城市中最伟大的懒汉
>
> 做了诗歌中光荣的农夫
>
> 麦子以阳光和雨水的名义
>
> 我呼吁:饿死他们
>
> 狗日的诗人
>
> 首先饿死我
>
> 一个用墨水污染土地的帮凶
>
> 一个艺术世界的杂种……

内在进化
——你要悄悄拔尖然后惊艳所有人

一个诗人,竟用如此决绝的口吻"诅咒"自己和自己所钟爱的事业,这得有多悲怆啊!

诗人之外,伊沙的另一个身份是某大学中文系教授。许多年前,他们一群文学青年的人生理想是成为一名诗人,而伊沙是几人之中较早实现诗人梦的那一个。

他的同学沈浩波也是一名诗人。不过,对这位同学而言,如今比诗人更加闪亮的身份是磨铁图书创始人。沈浩波曾经"弃诗从商",后来又捡起诗笔,也算是"曲线救国"吧。

伊沙的另一位朋友张楚,是红极一时的摇滚歌手。20世纪90年代,张楚、窦唯、何勇合称"魔岩三杰"。但他却在最火的时候悄然隐退,如今记得张楚这个名字的人已经不多了。

这些年,他们这群人中好像唯一没有转行的就是张楚,不过,混得最"落魄"的似乎也是他。并不是说这有什么不好,而是说理想和情怀都是有代价的。

所以,在这一点上,张楚是值得尊敬的,因为他用亲身经历告诉我们:在这个世界上,的确有那么一些人,不愿为世俗妥协;在这个世界上,并非所有的坚持,都是为了交换名利。

第三章 高级进阶：永远寻找更好的方法

3

记得有一次去看摇滚演唱会，拍手棒上赫然印着一句口号："摇滚不死，青春万岁"，感觉似曾相识。也不知从什么时候起，摇滚圈就开始蔓延这种无病呻吟的腔调了。

那天晚上，虽然GALA、苏见信和许巍在台上引吭高歌，台下掌声如雷，但我心里还是不由得涌起一阵淡淡的悲凉：艺术最终只有死路一条？

反正我是不信。要让搞艺术的人赚到钱却是不容易的，尤其是小众艺术，这是一个世界性难题。

《连线》杂志创始主编凯文·凯利就曾说："任何人，只须拥有1000名铁杆'粉丝'，无论你创造出什么作品，他们都愿意付费购买，便能糊口。"

有个代表性的案例是好妹妹乐队。这个自称"十八线艺人"的二人组合，一位成员曾是插画师（秦昊），另一位成员曾是工程造价师（张小厚）。

不信，你去翻翻他们的微博，基本上就是两个段子手的日常。从他们身上你就可以看到：一位艺人，可以有多重身份。搞创作，不妨碍写段子；追求品质，也不影响大众传播；才华可以横向延展，而谋生亦可充满乐趣。一个多项全能的艺人，犯得着为生计问题发愁吗？

你看，这世间有那么多人，扮演着多重角色！而他们之所以活成这样子，更多是迫于无奈，没有选择的余地！

提到这一点，我就想起了著名画家黄永玉。黄老应该是中国书画界艺术价值与商业价值双高的典范了，而其本人，恰恰是一位不折不扣的通才。

◆ 4

亲历过20世纪90年代的人，都说90年代的文化界鱼龙混杂、泥沙俱下，但当我们把90年代甩在身后，又有人说："90年代是中国诗歌最好的时代；90年代是中国摇滚最好的时代……"

你看，人们总是这么怀旧，总是不厌其烦地推翻自己。

还是狄更斯说得好："这是最好的时代，这是最坏的时代；这是智慧的时代，这是愚蠢的时代；这是信仰的时期，这是怀疑的时期；这是光明的季节，这是黑暗的季节；这是希望之春，这是失望之冬；人们面前有着各样事物，人们面前一无所有；人们正在直登天堂；人们正在直下地狱。"

有人问我："魏渐，你怎么不全职写作呢？"

我反问他："我为什么要全职写作呢？"我要全职生活！写作，

于我只是广阔生活的一个小角落,要是弄丢了生活,写再多东西又有什么意义呢?

而我的人生理想不是成为一名作家,而是成为一名生活家。当然,如果能在把生活过得活色生香的同时,顺便成为一名作家,那简直是我梦寐以求的理想了。

但我不会把成为作家当作终极追求,因为我热爱的不是作家身份,而是写作本身。

若是不能两全其美的话,我还是宁愿选择用工作补贴梦想。我并不觉得这样落俗,反而认为这是一项接地气而有意义的使命!

杜拉斯在小说《情人》中有句话:"爱之于我,不是肌肤之亲,不是一蔬一饭,它是一种不死的欲望,是疲惫生活里的英雄梦想。"我很喜欢"疲惫生活里的英雄梦想"这个描述。

我想说,如果你真正爱一个人,那就在疲惫生活里义无反顾地追求吧;如果你真正爱一件事,那就在疲惫生活里从容不迫地坚持吧!

为什么一定要加上"疲惫生活里"这个前提呢?因为,世界上并不存在真正意义上的舒适,而生活本身就是一场接一场的战斗。平凡人所谓的舒适,不过是疲惫之间的一次小憩而已,小憩结束,我们都得重新投入战斗,继续在茫茫尘世里奔走。

内在进化
——你要悄悄拔尖然后惊艳所有人

职场如何交友

<1>

我的直属领导要结婚了,提前一个月就给公司每个人发了请帖。

婚礼前一周,某天下班经过我工位,他又扭头笑眯眯地对我说:"魏浙,这周日,一定要来哦!"满面春风又热情真诚。

我几乎脱口而出:"好!"

其实,那一瞬间我心里是打鼓的:我原想包个红包,人就不去了,现在看来已然不太合适。一次书面邀请加一次口头邀请,我再推三阻四就太不识好歹了。

为人处世,我的风格一向是:你待我如邻,我敬你如宾——我对你的态度,取决于你对我的态度,这一次也概莫能外。

<2>

我的领导只比我大两岁,他做事稳当,待人接物十分得体,而且

第三章　高级进阶：永远寻找更好的方法

人特别好。

刚来公司的时候，我还没搬家，住得很远，每天上下班单趟得花一个半小时，而领导则开车上下班。也不知从哪一天起，每次他下班的时候，都不忘对我说："要不要坐我车啊？"标志性的两眼堆笑。

但凡真诚的邀请，我是不会轻易拒绝的。往常搭地铁的话，我得换两条线才能抵达终点。

他家正好离我的换乘站不远，每次坐他的车，他就把我放在离地铁站最近的那个路口。这样一来，我的通勤时间就缩短了半个钟头。

我差不多蹭他的车蹭了一个月，直到我搬到现在的住地。每次下车我都会对他说谢谢，他都不以为意："顺路嘛，没事儿！"十分洒脱。

虽然对他来说只是举手之劳，但我依然心怀感激。毕竟，职场之中，能把你的小事当回事儿的人可不多。

3

有人常常困惑一个问题：同事之间，到底能不能交心？

兴许是在遭遇一些伤害后，很多人对同事关系彻底绝望；兴许是看了某些"职场宝典"后，从此对同事关系心存戒备。

长此以往，一些人就变成了职场中的"游侠"：对谁都照顾，对谁都冷淡；对谁都妥帖，对谁都敷衍；对谁都万分客气，对谁都保持距离。生怕走得太近被人利用,又怕离得太远遭人暗算。

一位朋友对我抱怨说:"我们公司那些人,太难相处了!你完全不知道他们在想什么,只有醉酒的时候,他们才会对你说一点儿真心话……所以,我现在特别怀念大学时代,特别怀念跟同学朋友们在一起的感觉,你不用藏着掖着,可以毫无顾忌——那种感觉真好。"

我说:"是啊,我也喜欢那样。"

不过,我并不因此就认为同事之间不能交心。

4

事实上,毕业以来,无论我去哪里上班,都能遇上几位能够交心的人。我从不主动排除与任何人交心的可能。

而我交友的方式,也与别人不太一样。我不喜欢扎堆儿,也很少主动去"勾搭"谁。可以说,我朋友圈的扩张,只有一条路径:自然沉淀。

我的前室友路先生曾问我:"你怎么那么喜欢跟老乡玩啊?"我开玩笑答:"因为云南人淳朴善良啊。"

倒不是拉仇恨,我只是想表明:我喜欢与淳朴善良的人交往。

事实上也是如此,我与一些朋友真的只是见过一次,因为志趣相投就慢慢相熟了,这一点常令我引以为傲。比如楚小姐和浩先生,我们是在一个社群里认识的，因为彼此三观趋同，特别聊得来，约过一次饭以后便成了朋友，至今依然时不时相聚。

天南海北，共叙一城，何尝不是缘分？

还有一些朋友是通过文字认识的。我从大学时代开始就养成了时不时写点儿东西的习惯，七八年来，也认识了不少人，其中几位至今依然是我的读者。

陪我一起成长的人，又何尝不是朋友呢？

当然，这些年遗失掉的"朋友"也数不胜数。有的人，见过一次之后，就从此断了联系；有的人，聊得尽兴时高山流水、称兄道弟，时间久了，也就渐渐淡忘、形同陌路……自知无法避免，也就一切随缘。

◆ 5

写公众号的时候，时常有人对我说："我很喜欢你的文章，我会一直关注下去的。"

每次看到这样的留言，我心里都是这样想的：谁也不会永远喜欢你，总有一天他会取消关注的。

转念之间，我又安慰自己：那又怎么样呢？曾经关注过也是关注。这么一想，我就不那么担心"掉粉"的问题了。

真正喜欢你的人，即便你不发文，他也给你留着置顶；一时头脑发热喜欢你的，即便你天天发文，他迟早也会因为腻烦而取消关注。对于后者，何必在意？

谈恋爱、交朋友也是一样的道理：真正把你当回事的人，自然会对你用心，对你用心的人自然值得信任。这与对方是不是同事有何关系呢？

6

你问我同事能不能交心，我只能告诉你不是不能。如果你囿于成见，对谁都藏着掖着，别人怎么可能与你坦诚相见？但你如果对谁都赤子丹心，你确定你的一片丹心够分吗？

判断一个人值不值得交心，首先看他是不是真城。值得交心的人，一定是真诚的人，真诚是无法伪装的。

当然，空有一腔真诚也不够。有的人，初见时确实够真诚，也特别聊得来，但久而久之你就会发现，始终无法将他归入可信任的人的行列，那么他大概是不太靠谱吧。

职场中，不靠谱的人多了去了。对于不靠谱的人，交心就免了吧。人靠谱，才可深交；人不靠谱，避之而不及——能不交则不交。

不管怎么说，交友的方法有很多，但交心的方法只有一个，那就是真诚，拒绝套路。当然，完全杜绝套路也不可能，但至少可以确信：真诚和靠谱，就是最好的套路。

第四章 核心竞争力：成功的关键要素

内在进化
——你要悄悄拔尖然后惊艳所有人

靠谱的工作基本功,你值得拥有

⟨1⟩

小美在一家创投机构做用户运营,她说她常常收到一些莫名其妙的用户留言,比如:"我想创业但又不知道做什么,我该怎么办?"

抑或:"我们做了一个手机应用,怎样快速拥有百万用户?"

最无语是这样的:"我有一个创意,但没有资金,你们可以投吗?"

……

小美每次收到这样的留言,就回一句话:"把你们的BP(商业计划书)发给我们看一下,好吗?"

有的人竟然不知道BP是什么:"BP是啥?我只知道Beyond和TFBOYS。"小美的白眼瞬间翻到了天上……

"咦,怎么不说话了?快给我普及一下啊,急!"

小美忍着心中的不快,本着尽职尽责的职业精神,还是耐着性子敲了两个单词过去：Business、plan。

2

小美是我的前同事，一年前我们曾在一家公司共事。

实话说，刚迈进这个圈子的时候，我也不知道BP是什么，但我在第一天上班时就特地去了解了金融、投资、创业等领域里许多术语的英文缩写。

在我看来，这是一种基本的学习能力，但很遗憾，我见过的许多创业者并没有这种意识。

他们每天工作十四五个小时，忙得天昏地暗，但每逢投资大咖、创业导师亲临各种创业活动时，他们也总有时间去捧场。因为工作需要，我参加过许多这样的活动，说实话，大部分的活动都没有太大的价值，完全就是浪费时间。

不少活动都打着"创业""投资"的旗号，将一群疲惫不堪的创业者和懵懵懂懂的泛创业者集中到某个地下车库或者创客空间，又是分享经验，又是打鸡血，当然最重要的还是打广告！

活动结束后，每个人都带走了座位上的一个手提袋，里面装的肯定少不了一叠创业公司的宣传页、一张印着公司标志的鼠标垫和一瓶矿泉水。

内在进化
——你要悄悄拔尖然后惊艳所有人

<3>

我总觉得，这个世界应该是这样的：牛人做牛事，如果你不牛，别瞎装！

俗话说：没有金刚钻，不揽瓷器活儿，而有的创业者就是因为受了各种创业书籍、影视作品的影响，才走上创业这条路的。上了"贼船"之后，你会发现前也不通后也不通，上也不是下也不是，进退维谷，抱着一个自己视若珍宝而别人不屑一顾的项目茫然无措。

继续吧，钱烧完了；放弃吧，又不甘心；找钱吧，投资人只看不投；借钱吧，自己已经负债累累了。

不计其数的创业项目就是在苦等投资的过程中被拖死的，难道所有投资人都眼瞎吗？倒也有纯属投资人眼瞎的时候，"马云创办淘宝时不也屡遭白眼吗？"许多热血创业者张口闭口就拿马云说事儿。可是，全世界就那么一个马云呀，快醒醒吧！

无论你是不是千里马，在遇到伯乐之前都要好好练功。千里马是不需要求着伯乐赏识的，你牛自然有人来发掘。

但有多少人是拿着一个商业计划书就招摇过市四处找钱的？又有多少人会仅凭一个创意计划就给你投资呢？

第四章 核心竞争力：成功的关键要素

许多创业者常常把一句话挂在嘴边：99%的创业者是以失败告终的。但在他们的脑袋里，总将自己放在了那极少数的1%里。

其实，我很佩服那些想过"1%的生活"之人的勇气，但愿他们不是因为受到陈安妮的漫画《对不起，我只过1%的生活》的鼓动才走上创业道路的。在我看来，一个内心脆弱的人根本不适合创业，因为创业是一件需要拼命的事情。

你都没有做好拼命的准备，又如何从这个满是"亡命徒"的人群里脱颖而出？你在商业计划书里描述自己产品的市场有百亿千亿，但你的公司实际完成的订单有一万元吗？你说你们团队都是百度、腾讯、阿里巴巴出来的，但有没有包括楼道里做清扫工作的阿姨呢？你说你们公司的目标是在三到五年内上市，谁又知道你说的"市"是菜市场的"市"还是菜市口的"市"？

……

宏伟的梦想，只有和义正词严的担当相匹配才有价值，如果只是想赚点儿快钱撒腿就跑，那就太低估投资人的智商了，无人问津是理所当然的。

内在进化
——你要悄悄拔尖然后惊艳所有人

◇ 5

当然,这些都是非常个别的案例,但又从侧面反映了创业圈纷繁复杂、千奇百怪的姿态。

应该说,我见过很多非常接地气的创业者,他们很少抛头露面,很少出现在公众视野,几乎没有任何网络曝光,但人家底气十足,并且已经有多家投资人和他们接洽了。

这才是真正的实力派创业者。

我无意贬低热衷于自我品牌营销的创业明星,甚至对于自我品牌营销,我是极力赞赏的。但是,无论怎么营销,都应该是基于实力的营销。如果你的品牌声名鹊起,产品却一无是处,项目注定是见光死。先做好优秀的自己再去见"公婆",成功率一定会大大提高。

有位从业10年的投资人说:"看项目首先要看团队,团队不行,项目再好都不投。而看团队又首先看创始人,创始人基本决定了一个团队的基因。"

对于那些看别人创业自己也蠢蠢欲动的"泛创业者"们,或许可以重新审视一下自己是不是适合创业。别看这人拿了300万元、那人融了1000万元就眼红,人家拿到投资必定是有原因的。要么是人家特有实力,要么是人家有天赋,要么人家有资源、渠道,要么人家有原始积累……你有啥?

"我有一个很棒的创意……"

"你走!我不想跟傻子说话。"

内在进化
——你要悄悄拔尖然后惊艳所有人

高难度的工作是一种馈赠

◇ 1 ◇

某次我参加了一个创客路演,一位创业者带来一款很有创意的硬件产品。

这款产品是"门禁+呼叫系统"的升级版,访客只需在入口处点击按钮,就可以直接呼叫想找的人,得到被访者的应允就可以对其开放门禁。该创业者扬言,这款产品将直接取代多数公司普遍拥有的一个岗位——前台。

他的理由很直接:一个公司同时养着几个前台太浪费了,前台的工作没什么含金量,可以用技术取代,使用这款产品每个月至少能为顾客降低一两个人的人力成本。

"这些岗位就应该被取缔,简直就是浪费青春!"在场的投资人和创业者纷纷附和,有点儿义愤填膺的感觉。正常情况本应该点评项目的，话题却不知不觉被带跑了。

我曾试着和一位年轻的保安聊过，问他为什么从事保安这份工作，他说："因为没文化，也干不了别的。"

前些天认识了一个女生，毕业不到一年却换了很多次工作，做过客服、文员、编辑，如今在一家金融公司做电销，入职不到一星期。

她说她现在每天晚上加班到十点，工作内容就是一个接一个地打电话，经常被客户骂，每天都好像在做无用功，想换工作又不敢，但是真的扛不住了。

我就问她："你才工作了这么几天就要换，那当时为什么要选择这份工作？"她的答案是：专业没学好，别的啥也不会。

她说她想找一个轻松一点儿的工作，工资低一点儿也没关系，她担心应聘时会被认为不知天高地厚。

2

我舅舅35岁的时候，遭遇了一些打击，整个人就萎靡不振了，觉得生活没希望，想死。有一次，我们一起去逛街，走在宽阔的大马路上，他说他想冲到马路上让车撞死，一了百了。当时我就被吓到了，赶紧揪住他的衣襟。

他的遭遇在我看来都是自找的，他却从来不从自己身上找原因，

内在进化
——你要悄悄拔尖然后惊艳所有人

总是觉得时运不济、怀才不遇。他年轻时喜欢画画,梦想有一天能够加入市美术家协会,但几乎每次向各种大赛的投稿都被拒了,唯一一次获奖是镇文化馆的书画大赛三等奖。

小时候每次去他家,他就给我炫耀自己的"光荣成就",说自己是著名画家,一幅画能卖几万元,有许多人向他索画。但据我所知,十几年来除了偶尔有人请他画一下灶王爷,并没有什么达官贵人、富商巨贾买他的"大作"。

总之,他生活得很不如意。

后来他放弃了当画家的梦想,四处借钱承包了一片山地,开养鸡场,不幸却遭遇了禽流感,上万只鸡全死了,欠下一屁股债。再后来,又跟人合伙开棋牌室,做大爷大妈的生意,开到最后连房租都成了问题,至今还是孑然一身。

他最稳定的一份工作就是保安,为一家电商公司看管仓库,已经5年了。平时有事没事跟邻居老大爷下下象棋,夜深人静的时候依然挥毫画上几笔,倒也悠闲。

有一次我问他:"你就准备这样过一辈子了啊?"

他苦涩地笑笑:"还能怎样?"

近50岁的人了,我也不好再说什么。

◇ 3 ◇

　　我并不想去讨论不同职业的价值问题，毕竟每一种职业都必须有人去做；我也无意贬低任何一个从事基础工作的人，因为在我眼里职业无高低贵贱之分，但我想说说职业对一个人成长的影响。

　　步入职场的这几年，我从没想过要找一份轻松的工作。事实上我做过的几份工作，也确实没有哪一份是轻松的，甚至有的艰苦得让你无法想象，但我从来没有后悔过，我总觉得那是一份馈赠。

　　因为，我总能从辛苦的工作中收获我想要的东西，或者出其不意地接触了我从前不敢想象的事情，那种感觉妙不可言。

　　也许我注定是一个苦命人吧，我总觉得自己的人生不应该太轻松，至少现在还不到轻松的时候。也不知道是什么东西让我产生了一种自我折磨的执念，很坚定，我也时常能够从这种自虐中体会到自己的存在感。

　　上周跟一位创业公司的首席执行官聊天，他的一句话让我印象深刻：成功者都是不正常的，太正常的人难以成功。

　　突然有种惺惺相惜的感觉。

　　这位创业者就是一位特别能折腾的人，那一天他带着公司的两位员工，我们一行四人谈项目谈到晚上十一点半，我算是真真切切

内在进化
——你要悄悄拔尖然后惊艳所有人

地体会到了一个人对事业的坚持和对理想的笃定，那种能量超乎我的想象。

4

以我目前的工作来说，也并不轻松，每次采访完一个人就得出一篇稿子，仅整理录音一件事就会折磨得我抓狂。要是碰上采访对象完全没什么亮点，我还得帮他寻找亮点。

但这就是我工作的常态——以脑洞换食粮，你能说轻松吗？

如果你做一件事感到无比轻松，那么有一种可能就是事情本身的价值太低，另一种可能就是这件事不足以激发出你的热情。你知道，如果你不考虑成效，再难的任务也是可以草草了事的。

如果真是那样的话，你可以换工作了。挺庆幸的一件事就是，这些年每一次找工作我都没有把薪水放在第一位，家里人除了偶尔叮嘱我注意攒点儿钱外，对我并没有施加太多压力，所以我能够不断尝试寻找自己真正喜欢的职业。

我的爸妈曾鼓动我去当老师、考公务员，但在我的坚持之下，他们也没有太反对我的决定，甚至到如今已经变成了鼎力支持。而我也彻底地与所谓的"铁饭碗"渐行渐远，再无高枕无忧、稳稳定定的可能了。

我并没有对自己目前的境遇有多满意，但我确信我不想让一份清闲的工作毁了自己。兴许我目前做的工作也并不值得称道，但对我而言，每做一件事都是一次自我历练。

我珍视每一次自我提升的机会，我确信自己是一块金子，终有一天会发光，也就不那么在意。所以，现在的我没有任何抱怨，只想安安静静地集聚能量。

内在进化
——你要悄悄拔尖然后惊艳所有人

打造核心竞争力,和平台互相成就

1

刚来深圳的那一年,我住在梅林关附近,每天七点零五分,我都会准时出现在公交车站排队等车。

每天八点半上班,车程大约三四十分钟,到公司或早或晚,主要取决于路上是否堵车。

有一天,当我正要穿过人行道的一瞬间,眼前突然蹿出一辆大巴车,几乎是贴着我的脸呼啸而过的,吓得我两腿发麻、心里直怵,暗暗庆幸自己命大。

后来换了个住处,改坐地铁。于是又开始了别样的上班日子。我住的地方有四号线穿过,而这是深圳最拥挤的一条线路。

然而,地铁上的惊险也绝不亚于公交车,几乎每一天都在上演"虎口拔牙"的戏码:车门刚一打开,站在前面的人只感觉到背后一阵巨大的推力，旋即就被送进了车厢，狠狠地撞在前面的乘客身上，后面的力量还在延续，直到把你挤成肉饼，再也没有一点儿空隙。

有好多次，我都被滞留在站台上，见过车门夹住半个身子的匆忙上班族，他们一脸淡定地望着车门再次缓缓打开。我心想："要是此时车门坏了怎么办？""要是列车突然开动怎么办？"想想都觉得可怕。

所以，我宁愿每天早起几分钟，多等几趟车，也不愿去抢那三五分钟！

为了几千元的月薪，天天冒着搭上小命的风险，不值得！

◇ 2 ◇

与朋友聊起上班途中的窘态，朋友开玩笑说："人生80%的烦恼都是因为穷！"明知这是句废话，还是觉得有些可笑。

每天在路上奔命的时候也会想：要不租个近点儿的房子吧！但随即又打消了这个念头："能省点儿就省点儿吧！"还就是钱的问题！

年底，我换了份工作，原先的住处离现在的公司实在太远了，每天来回至少要耗费3个小时。开年回来我就一直在谋划搬家的事儿，如今我可以每天骑10分钟的自行车去上班了！

只是，每个月的房租开销增加了三分之一，且居住条件也没有以前的好了。搬过来那天,我在微信朋友圈向朋友们"汇报"了一下这件事,未曾料想,评论中竟有那么多人不约而同地说:"时间比金钱更重要,值!"

想想也是,一天多出3小时够我做多少事情啊!即使什么也不做,起码也保证了我的休息时间。

最最重要的是,我不需要每天"提着脑袋"去上班了!

然而,当我看到某些人每天不要命地通勤上下班,却是去公司混日子,又不禁怀疑起上班这件事的意义来。明明在同一家公司(甚至同一个岗位)上班,有的人在赚到钱的同时,还赚到了能力;也有人不但钱没赚到,还白白浪费了自己的青春。

差距怎么就这么大呢?

3

朋友对我说:"想要挣大钱,一定要创业。"

我何尝不知道创业能挣大钱呢?只是我更清楚:现在的自己还只能挣小钱。不是我目光短浅,只是我选择了脚踏实地。

我之所以还在上班,是因为上班这件事能带给我能量。这份能量包括技能的提升、经验的积累、人际关系的拓展等,而这些远比那几

第四章 核心竞争力：成功的关键要素

千元薪水重要得多。

在此之前，我所有的努力都是为了让自己成为一个有竞争力的人！不是为公司，只是为自己。这听起来有些自私，但事实上，这对公司和个人来说却是双赢：我竭尽所能为公司创造价值的同时，就是利用平台提供的机会打磨自己！公司买断了我的时间和劳动成果，而我在创造价值的过程收获了薪水和技能。

而当你在混日子时，表面上看是公司蒙受了损失，但损失最大的还是你自己，大好青春岂是几千元能买得到的呀！

◇ 4 ◇

毕业后的第一个十年，是人生的黄金十年，也是一个人爬坡向上的阶段。这一阶段，你可能在物质上一无所有，但却拥有无限的可塑性。在这一段黄金时间，甘愿让自己中止成长，显然不明智。

本书还有一篇文章，叫《自我进化，不是自我重复》，我的答案是：必须辞！但首先你要找到更有价值的工作。如果仅仅只是扔掉一根鸡肋，又捡起另一根鸡肋，这是何必？

生活不易，一个人在异乡打拼更难。谁不想早点儿功成名就、衣锦还乡呢？

然而,现实终究是残酷的,你很难在只坐得起公交、地铁的情况下,去租一个市中心的房子;你也很难在只吃得起十元盒饭的情况下,天天去吃大餐。

但是,一个人无论如何也不能容忍自己在吃了那么多苦之后一无所获。

读书不是没用,是你不会用

1

朋友在一所贵族学校当老师。某天,我们相约一起吃饭。席间,聊起了各自的工作,他情不自禁地感慨:"我们班里那些小孩儿太幸福了,小小年纪就周游世界——美国、英国、加拿大、澳大利亚……全去过,他们见过的东西比我还多,而我只能给他们讲讲课本,有时候真担心控制不住场面啊!"

朋友来自农村,读书的时候拼了命才考上一个不错的学校,是他们村里第一位大学生。毕业时,大家各奔东西,他选择了深圳。因为他觉得深圳机会多,年轻人就应该到这样的地方去。

然而,3年过后,他和我一样,还是一无所有。在这里奋斗一辈子,也不见得能够买得起一套房。于是,朋友将婚房买在了老家。

他已经想好了,在不久的将来,他一定是要回老家的。"留在深

内在进化
——你要悄悄拔尖然后惊艳所有人

圳，是因为老家没有那么高的工资，背着近百万的房贷，压力太大。"朋友说。

在大多数来自农村的年轻人眼里，这座城市就像一块跳板——跳上去了是富足、荣耀和自由；跳不上去，老家还有一块地、几头猪，只要不懒也不至于饿死。

怎么都有点儿赌一把的意味。

◇ 2

曾有一篇文章叫《我奋斗18年，不是为了和你一起喝咖啡》，其实，对很多人而言，奋斗18年甚至一辈子恐怕也达不到与某些人一起喝咖啡的高度——跨越阶层远远没有想象中那么容易。

但是，跨越阶层的努力毫无意义吗？也不是。我们常常不由自主地以功利主义的心态衡量自己的付出与收获，看着同龄人一个又一个走到了自己的前面便心急如焚：我已经这么努力了，为什么还不成功？

可一想到某些人，比如褚时健90岁了还在种橙子，我们的焦虑又算得了什么呢？

如果单纯从挣钱的角度说，我回家也不见得比在大城市挣得少。举个例子，家门口的店铺林立，许多外地人卖包子都能养活一家几口人，我为什么不能？更何况，我又不懒，只不过选择了一条与常人不太一样的路。

我以我的生存方式，吃得饱穿得暖，在一定程度上还能做自己想做的事儿。长此以往，我相信我一样能走上幸福的康庄大道。

3

在老家，我的许多同学已经成家立业了，其中一些人活得还挺不错。

当年读书的时候，我成绩比他们好，一路升学直至本科毕业。如今站在他们中间，可以说，我几乎是最普通的一个。每次约饭，不等我掏钱，他们已经把单买了，我都不好意思去抢。

但我从来不觉得这有多么难为情。我很清楚，学历和收入成正比的时代已经过去了，而我读了这么多年的书，也不完全是为了挣钱。我的大学生涯，除了给予了我一纸毕业证书和学士学位证外，还给予了我很多成长和历练。而这些，才是我人生中最宝贵的财富。

当他们不得不为了柴米油盐忙得晕头转向的时候，我还能坐下来看看书、写写字、听听音乐，想来也是令人欣慰的。没错，这一点儿都不高级，但起码我还拥有一定的选择余地。

读书的人与不读书的人，在某些方面还是不大一样的。

从短期来说，不读书的人可以身体力行地去经历世间百态——这固然深刻，但终究是有限的。而读书的人则可以借助别人的眼睛看世界，视野更为开阔，至于人生阅历，完全可以用时间去补足。

一个人接受教育的黄金时间也就那么几年，一旦错过，将来想要弥补回来就太难了。西汉大学者刘向有言："少而好学，如日出之阳；壮而好学，如日中之光；老而好学，如炳烛之明。"

如果没有把握住精力最旺盛、脑力最强健、时间最充裕的人生阶段，一个人的精神世界就基本上定格了。

4

一个人在这个城市，奋斗了许多年依然买不起一套房子的现象太正常了，大可不必怀疑人生。

北上广深，只不过是一种生活方式。你不是非要来，也不是一定得留下。生活生活，就是"生下来，活下去"而已——只要自己活得好，在哪里不都一样吗？

一个人的青春，总是要献给某个地方的，无论城市，抑或乡村。没有什么值与不值，选择不同罢了。如果你选择了城市，那就适应城市的丛林法则；如果选择了农村，那就习惯乡土生活的朴实。东坡先生有词云："试问岭南应不好，却道，此心安处是吾乡。"只要心安，哪里都是故乡。

人生中的前二十年，我们读了那么多书。我相信，绝大多数人还

第四章 核心竞争力：成功的关键要素

是希望自己的知识和才华能够有用武之地的，所以，我坚信去大城市的决定没有错。

5

但是，我们应该换一种思维方式，重新审视我们的教育。

读书一定可以改变命运吗？学历这本通行证真有那么硬气吗？莫非，我们花十六七年甚至更多的时间接受教育，就是为了最后能够找一份体面的工作？

我总觉得这样的追求很低级。

三百年前，雍正为鼓励皇子们读书，写过一副对联："立身以至诚为本，读书以明理为先"，为后世所传颂。南怀瑾先生也曾说："读书是为明理，而非谋生。"

可越是到现代，我们对读书这件事的认识就越糊涂。

我们所处的时代极其浮躁，而越是浮躁，我们越是要避免卷入人云亦云、浑浑噩噩的旋涡中。

诚然，如果社会对教育的认知再开化一点儿，年轻人的压力也不至于像现在那么大。但如今我们既已深处旋涡之中，就不能因为着急而乱了阵脚。

当你在读书的时候，你那些不读书的同龄人已经开始赚钱了；当

内在进化
——你要悄悄拔尖然后惊艳所有人

你开始工作的时候,你那些不读书的同龄人的收入已经比你高很多了。没错,读书的人,他们的人生比不读书的人看起来总是要慢半拍。但相信我,若干年后,读过书的人整体上(非绝对)会反超没怎么读过书的人。事实上,预支了青春去赚钱,与将青春用来充电而厚积薄发,能量是守恒的。

那么,你还为同龄人比你过得好焦虑吗?每个人都有自己的轨道,每个人都有自己的行程。

只是不同的轨道,有不同的风景,不同的行程,亦有不同的艰辛和犒赏。

毕业前 5 年，比理财更重要的是理才

<1>

一位高中老师对我说，毕业十年来，她最后悔的一件事就是当初太省钱了，因为初入职场时省吃俭用一个月存下的钱，还不如现在讲几堂课的报酬。

"如果当初用那些钱来投资自己，说不定已经实现财务自由了。"她感叹道。

然而，当时的她根本没有这种意识。在最艰苦的日子里，她想得更多的是省钱、存钱，以备不时之需。

那时，她在一所中学做班主任。虽然工作安稳，开销不大，但还是没有安全感。因为，新老师的工资普遍不高，补补扣扣也就两三千元的样子。

而十年后的她，已经是省内小有名气的教师了。除了单位分的房子，自己还置办了一套。老公事业有成，儿子在重点中学读书，无论

哪一方面都已今非昔比。

初入职场那几年，更多是以时间和精力来换金钱，有时候连养活自己都很勉强。而十年后的今天，获取报酬靠的是本事、经验、人际和个人品牌。显然，二者的回报不在一个级别上。

2

前段时间和一位精明强干的"90后"程序员闲聊，我问他："你们是不是经常加班啊？"

"每天加班两三个小时吧。"

"很忙，还是？"

"其实也不算很忙，我们公司是做硬件的，软件的更新没互联网公司那么频繁。"

"那为什么总是加班呢？"

"因为下班回家也没事儿做，待在公司还有50元的加班费。"

我一脸疑惑地看着他，欲言又止。因为我宁愿在业余时间去"投资"自己想做的事。

我有一位做牙医的朋友，前五年为了修练技艺吃尽苦头，几乎没存下什么钱。赚来的一点儿报酬，都悉数投到了自我提升上去了。学成之后，他回到二线城市开了自己的牙科诊所，到第七年的时候，事业已小有所成了。

明朝开国皇帝朱元璋曾是一介草民,当他起兵攻打下南京之后,谋士朱升为其制定了一条九字方略:高筑墙、广积粮、缓称王。大意是:在保证大后方稳固的前提下,不断发展、壮大自己的实力。1352—1368年,朱元璋攻城陷地、收服人心,终成一代雄主。

你看,根扎得越深,后劲儿越足;基础打得越牢,未来的发展空间越大。

3

理财的前提是先有"财",即原始积累——起点越高,技术越精,越容易赚到钱。

成功的前提是有"才",即出类拔萃——能力越强,本领越大,越容易有所成就。

穷人与富人的差异就在于:要么是原始积累,要么是个人能力,富人总要高出穷人一个段位,这是贫富差距越拉越大的重要原因之一。

对于大多数普通青年而言,积累的重要性远大于变现。盲目地奔着高薪跳槽,盲目地追逐风口创业,不见得是什么好事,尤其是毕业前5年,个人认为理才比理财更重要,成才比成功重要,所以我说:"要理财,先理才;要成功,先成才!"

内在进化
——你要悄悄拔尖然后惊艳所有人

成功，就是把一件事做到极致

1

外公已经90多岁了，身体却非常硬朗，几乎从不生病，即使偶尔感冒，吃点儿药就好了，从来没进过一次医院。虽然这么大的年纪了，却一刻也闲不住，每隔一段时间，他就挎上弯刀、带上麻绳上山砍柴。那些年，农村都用柴烧火做饭。

外公砍柴很挑，只要粗的，细的都不会多看一眼。他把一根根脚腕粗的树枝砍下来，剔掉枝叶，用绳子捆成一捆，挂个破棍子，踉踉跄跄地背回家。每次听到树枝摩擦铁皮门的声音，我就知道一定是外公回来了。

妈妈总是担心老人的安全，不让外公上山，但他总听不进去，怎么劝也不管用。一年四季，家里堆放柴禾的屋子总是满满当当的。

除了砍柴，外公还编草墩、搓麻绳。小时候，老家堂屋的二楼总是层层叠叠堆满崭新的草墩，堂屋门边常常挂着粗粗细细、长长短短的绳子。家里的坐具从来不会短缺，扁担的皮条儿也从不用买。外公手工打造的东西，比市面上卖的还要好用，所以村里的人常常请他帮忙做活儿。

在我记忆中，外公一点儿也不服老，很多事情做得比年轻人还好。记得早先家里还种地的时候，外公的锄头是"专用"的，外形要比普通款大一圈。而且，他对自己的锄头视若珍宝，每次锄地前都要用水浸泡，锄完地回家，一定用水把它冲洗得锃亮如新。

可以说，外公是我所见过的最"强悍"的老人。

2

因为工作的关系，我遇到了另一位令人尊敬的老者——猫王收音机创始人曾德钧。这位被誉为"中国胆机之父"的音响专家，已经年过六旬了，却依然活跃在创业前线。

以前，我只是听说过这款颇有情怀的收音机，但从未想过与其创始人产生任何关联。见到真人那一刻，我感到有些意外，本以为他会西装革履、盛装打扮出席活动，未承想他马褂加身、挺着个肚子就来了，俨然一农村老头儿。

但一听他讲述自己的过往，我突然觉得人生还有另一种活法。曾

内在进化
——你要悄悄拔尖然后惊艳所有人

先生当了27年兵,在部队里自学成才,成了通讯工程师,几十年间,他从未中断对音响的研究与热爱。如今本该尽享天伦,他却不忘年少初心,要做一款空前绝后的收音机。

就这一点,足以令我汗颜。回想自己也曾热衷过许多事情,却很少有能够坚持下来的。

活动结束后,我送他离开。他打开最新款的苹果手机,用滴滴叫了一辆车,我再次惊呆。因为,我从没见过年纪这么大的人玩互联网产品这么溜的。不仅如此,他还说他常听摇滚、民谣,喜欢崔健、莫西子诗等。

我不由得感叹:"年轻人玩的东西你好像一个不落啊?"他乐呵呵地说:"年轻人就要有朝气,不要像个老头儿似的;老不是年龄的问题,心态年轻,就永远年轻。"

3

曾几何时,我也是心急火燎的人,想到什么不立刻去做,对我来说就是一种煎熬,但事实证明,很多事情我越着急就越做不好。究其原因,主要还是火候不够。

我学过很多东西,但大多是浅尝辄止,一阵新鲜劲儿过去,就不了了之了。真正到了用这门技能之时,发现自己是"半瓶醋"——这也搞不定，那也完不成。

更可笑的是，在这么多年里，我也不知道从哪里来的自信，一直觉得自己将来能干大事。这种盲目的自信，让我对很多事情都抱有不屑的态度——这也浪费时间，那也不值得做。结果是，空想多于实践。

上大学那会儿，有一段时间，我对大学生活已经到了深恶痛绝的地步，就想立刻离开学校投入社会。我每天都强烈地意识到自己在浪费时间，无法专注于那个阶段应该做的事——学习。

可等我真正进入社会、走上工作岗位后，才发现生活一样是琐碎、繁重、重复的，与校园生活并没有本质的不同，倒是当年，该学的东西没学、该做的事没做、该掌握的技能也没掌握。

曾经"胸怀大志"，如今看来不过是一厢情愿的"胡思乱想"。我总觉得时间被浪费，事实上，纠结于时间被浪费这件事更浪费时间，当别人都把时间用来做我认为没意义的事情时，我不过是把时间浪费在纠结"如何不浪费时间"这件事上罢了。殊不知，这样同样浪费了时间。

◇ 4

时常有一些"90后""95后"对我说"我老了"，一问年龄，比我还小好几岁。以前我也会这么感叹，但现在我不敢轻易这么说了。虽然在"90后"里面,我确实够老,但一想到那些八九十岁的人,这么说我觉得很不好意思。

年少时胸怀大志,本来是件好事,但理想太多、野心太大,也是极其有害的。想得太多,必然占据用来付诸行动的时间和精力,而成功从来都是干出来的,不是想出来的。

我的外公是普通人,当了一辈子的农民,他的一生并没有取得多高的成就。事实上,大多数人的人生也是这样,只是不见得每个人都能把生活过得那么认真。

曾先生早已是功成名就了,可以说比绝大多数人都成功,但他却能够为自己钟爱的事业坚持几十年,也不见得每个人能这么执着,这是一种奋斗至死的人生态度。

有时候,我也在想,如果找到自己真正喜欢的事情,一辈子就做一件事,也不失为一种成功。比如,钟表匠,一辈子修手表;陶艺师,一辈子烧陶瓷;就像《寿司之神》里的小野二郎那样,就做寿司,一辈子做寿司,把寿司做到无人能敌……

可惜,绝大多数年轻人并不具备这种死磕的精神。

5

当我看到那些比我年长的人比我还执着,比我优秀的人比我还勤奋，比我资深的人比我还认真的时候，我挺惭愧的——二十几年，仿佛白活了。

我们换了很多家公司，做过很多种工作，探索过很多个领域，却始终没有在一个点上做到精熟。

口口声声宣称喜欢尝试新事物，不过是找了个冠冕堂皇的借口三心二意罢了。东忙西忙，成天瞎忙；左急右急，纯干着急。看上去很努力，不过是换了种方式自我麻痹。

身边的人都在催我们，我们自己也催自己：这个年纪，该结婚啦；这个年纪，该生孩子啦；这个年龄，该安安分分上班啦……潦潦草草地开始，又杯盘狼藉地结束，时间与精力全耗费在无谓的掉头与转弯上了。

没错，我们是奔三的人了，即使是一辆破车，也该驶上快车道了，但路是我们自己的呀，路人的叫嚷声再响亮，始终不是驾驶员。坑坑洼洼，只有车上的你自己能体会；沟沟坎坎，只能靠驾车的你自己去规避。

在人生这条马路上，我们还是新手，用不着以生命为代价对任何东西下赌注。我们还有时间去掌握技能，我们还有时间去磨炼意志，我们也还有时间去积累经验……毕竟，人这一辈子，比刺激更重要的是舒适，比速度更重要的是平稳。

内在进化
——你要悄悄拔尖然后惊艳所有人

当所有人都在催促的时候,我们更要提醒自己:开得慢一点儿,走得稳一点儿;看得高一点儿,行得远一点儿。

做什么事都不能太着急,急有什么用呢?文火慢炖、细水长流,或许更贴近奋斗的本质。

听说，你想做一名自由职业者

1

一位1987年出生的小伙伴对我说："魏前辈，我在中石油、中石化等国企都干过，感觉都不适合自己，现在想辞职去做一名自由职业者，平时做做兼职，有空闲写写稿子，你觉得怎么样？"

看到"魏前辈"这个称呼，我扑哧一声笑了，不由感叹："原来我在大家心里这么老啊。"不过话说回来，虽然我心理年龄比较大，但也勉强还是个"90后"，他问的问题几年前我还真想过，可惜我一直是一个非自由职业者，也暂时没有去做自由职业者的打算。

前几天，一位知名作者发微信朋友圈说，她去某知名互联网公司面试失败了，正在考虑要不要成为自由职业者——全职写作。我一直有留意她的文章，每篇的阅读量都有好几万，单篇文章打赏都有几十个，比我牛气多了，心里暗暗羡慕。

内在进化
——你要悄悄拔尖然后惊艳所有人

原谅我没有成为自由职业者的规划,因为直觉告诉我:如果我全职写作,一定会饿死的。

◇ 2 ◇

老实说,我是挺羡慕自由职业者的,光"自由"这个词就足以让我意乱神迷。每每提到它,我就想唱许巍的《蓝莲花》:"没有什么能够阻挡……"不过,要成为这个群体中的一员,太难了,至少目前的我不适合去做一名自由职业者,理由如下。

第一,火候未到。

我虽然写了这么多文章,也得到了很多人的肯定,但我一直认为自己是个"菜鸟"。欲戴王冠,必承其重,当下的我并不具备撑起"自由职业者"这顶帽子的能力。

第二,自由职业者的不自由。

不得不说,有人把自由职业者想得过于美好了。作为一个资质平庸的非自由职业者,我想告诉你:别只看贼吃肉,看不到贼挨打。

羡慕人家开新书发布会的风光,也要想象一下通宵达旦搞创作的艰辛;羡慕人家游山玩水的惬意,也要想象一下人家绞尽脑汁创作好内容时的痛苦。

第三,没有金刚钻,别揽瓷器活儿。

不可否认,那些像风一样自由的自由职业者必定都是有一技之长的。扪心自问:你的一技之长是什么?知道差距才能找准自己的方向。

3

恕我直言,大多数幻想做自由职业者的人,本质都是妄图逃避现实。因为在职场上不如意,所以产生了逃离的念头。

但事实上,为了逃离职场而走上自由职业者道路的,往往也不会活得太好。因为,自由职业者将要面对的竞争,可能比非自由职业者更激烈。高阶的自由职业者,通常已是某领域专家了,个人品牌足以驱动自己的事业,这才放弃本职工作的。二者的差别太大了,一种是走投无路地勉力挣扎,一种是顺其自然地和平过渡。

纵然偶有天才遗落凡间,非得成了自由职业者才能大展宏图,但绝大多数时候,恐怕是凡人想上天、庸才欲登仙。所以,对于消极避世求解脱的职场失败者来说,自由职业者不一定是好的归宿。更好的选择是:先变得专业,再去追求自由。

练好一身本领,还担心不自由吗?你不自由,是因为你弱!

内在进化
——你要悄悄拔尖然后惊艳所有人

那些不动声色搞定一切的人到底有多酷

<1>

暖是我的朋友，一个自带光芒的知性女孩，生在教师家庭的她，从小就养成了特立独行的习惯和落落大方的气质。

她大学学的是法律专业，毕业后却成了一名人事经理。从初出茅庐的人事专员，到某知名金融公司人事经理，暖用了5年。最近大老板找她谈话，有意升其为公司人力总监。暖应该是同批小伙伴中发展得最好的一位了。

一个非985、211学校出身的文科生，没背景、没关系、没资源，全凭一己之力赢得今天的一切，令人赞叹。

在得知她升职后，我认真地问她："你觉得自己一路平步青云的秘诀是什么呢？"

"本事！"暖神秘地笑笑，"没有金刚钻，不揽瓷器活儿。"

第四章 核心竞争力：成功的关键要素

在我的一再追问下，暖才道破了自己一路"开挂"的原由："大学毕业后，我进了一家小公司，花了整整两年的时间来掌握人力资源六大模块（人力资源规划、招聘与配置、培训与开发、绩效管理、薪酬福利管理、员工关系管理），别的人事经理可能只会做其中的一两个，但6个我都做到了精熟。从专员到主管，我用了两年；从主管到经理，我又用了两年——毕业5年，我只换过两家公司。"

看吧，真正厉害的人，谁没两把刷子呢？——活好、技精，人生的路才会越走越宽。

2

我认识一位频繁换工作的"90后"设计师朋友。

刚毕业两年的他，天天嚷着要找月薪两万的工作。在我们相识的半年里，他至少换了3份工作，但每一份都没有通过试用期。

每一次离职，他都美其名曰"和平分手"，转而又抱怨上班的公司这不好那不好——老板抠、同事坑、钱少活多、没意思……

平心而论，我不认为这位朋友比同龄人优秀多少，也不知道他哪里来的自信……

而我一位关系特好的哥们儿，去年研究生毕业进入腾讯，起薪才8000元，每天上午9点半上班，晚上10点半下班，这样的工作强度一

内在进化
——你要悄悄拔尖然后惊艳所有人

般人受不了吧，他却咬着牙关兢兢业业干了一年。

某天聚餐，他问我们："公司就要调薪了，你们说，我要不要跟老板提一下加薪的事呢？我这个岗位，社招都是15000元起，我是校招进来的，做的事一模一样，却只有一半的工资……"

我开玩笑说："说不定你们老板早就把你列入重点调薪名单里了呢。"

我这么说也不是信口雌黄，事实上，他这个岗位要求特别高（至少需要四种技能：精通英文、熟悉金融行业、会写文案、能播音），短期内想找一个替代的人太难了。

后来，朋友还是忍不住向老板提了加薪的事。老板跟他聊了很久，重要的几句大概是说："你的努力我都看到了，其实不需要你提，我早就把你列在加薪名单里了。"最后还语重心长地送了他八个字："但行好事，莫问前程。"

事实上，老板给出的提薪幅度比他想要的高得多，近乎翻了个倍……

◇ 3 ◇

那些看起来光彩夺目的人，谁没有几把刷子呢？你看人家举重若轻，其实人家早就不动声色地把该做的事做了，把该吃的苦吃了，把该流的汗流了,把该付出的都付出了——从容,只是提前付出换来的一丝犒赏而已;松弛,也不过是忙中偷来的一点儿闲情罢了。

时常有一些小青年来问我:"魏老师,如何才能快速赚到更多的钱?"我说:"如果你想赚钱,那先去练赚钱的本事;你想赚钱,首先你得让自己值钱。"

《史记·货殖列传》中有句话说:"无财作力,少有斗智,既饶争时。"说的是商人发家的三个步骤:一穷二白的时候,先凭借自己的劳动去赚取人生第一桶金;当小有资产的时候,应该靠智慧来拓宽赚钱的渠道;当你已经很富足的时候,要善于抓住有利时机。

扪心自问:你处于什么阶段呢?

没有王思聪那样的好爹,就别指望拥有5个亿的创业启动资金;没有马云那样的远见,就别指望"十八罗汉"鞍前马后地为你效力。你只有你自己,你得用辛勤的劳动养活自己,安好身立好命,再通过智慧去赚钱,当你有了一定的原始积累和人生经验后,才有可能赚更多钱。

世上哪有飞来的横财,飞来的通常是横祸。别总觉得发展得好的人命好,那是因为人家业务能力强,或者不光命好而且业务能力强。

你命不好,业务能力又差,还指望一飞冲天、大红大紫,那不是痴人说梦吗?

第五章 人生合伙人：更好地彼此成就

内在进化
——你要悄悄拔尖然后惊艳所有人

不是所有的相亲都必须有结果

1

我没料到,我妈对我的个人问题已经急迫到要骗我去相亲的地步了。在聚会的饭桌上跟许久未见的老同学讲起这件事,他们都笑得直不起腰来了……

单身这么多年,我还没意识到结婚是一件多么紧迫的事情。虽然我也渴望爱情,但一直没觉得结婚生娃是一件多么了不起的事。

"唉,真不懂你们这些老年人在想些啥……"

"唉,真不懂你们这些年轻人在想些啥……"

反正,自从我妈想方设法把我骗去相亲,我对生活便产生了莫名的恐惧。

2

大年初三下午,我约了几个高中老同学在茶室相聚。许久不见,

CHAPTER / 05

第五章 人生合伙人：更好地彼此成就

相谈甚欢，不知不觉一个小时就过去了。突然，放在桌上的手机响了，我妈打来的，让我陪她去商场帮一位远房姨妈挑选电磁炉。

"你们先逛一会儿，好不好？我正在跟朋友聚会呢。"

"好吧，好吧，那我待会儿叫你。"

半小时以后，电话又来了，还是我妈。

我心里有些不爽，又不能拒绝。既然催得这么急，那应该确实有要紧事吧，我这么想着，跟朋友们说了声抱歉，就赶了过去。

电磁炉很快就选好了，姨妈却不见了。

嘿，也是怪了，我问我妈，她只说姨妈在外面打电话。又等了20多分钟，还是没来。围着家电专柜绕了一圈，我妈也不见了，真是奇了怪了，我索性蹲下来研究电磁炉。又过了一会儿，人总算都来了，我就跟我妈说："电磁炉选好了，我走了啊。"

"你再等一会儿，你姨妈不会用，你教她一下。"我妈说。

好吧，既然都等到了这个时候，也不在乎这几分钟了。

刚压下心里的郁闷，一个身穿风衣的女生跟着远房姨妈从商场门口进来了，女生春风满面，让人心里升起一股暖意。

"你觉得这个牌子怎么样？是正牌吗？"姨妈对这位女孩说，我还以为是她家哪个亲戚呢。

"美的，挺好的啊，是正牌。"女孩笑答。

"姨妈，既然电磁炉已经选好了，我就先走了啊。我约了几个同学，他们还在等着我呢。"

"你别急着走嘛，一年才回来一次，聊一会儿再走。"姨妈的小眼睛笑得眯成一条缝，看着她的表情，我开始感到有些不对劲儿。

再看看跟进来的那个女孩，低着头看着手机，表情很不自然。

转头看看我妈，也是一副奇怪的表情，满脸堆笑，也不解释，只一味地要我过一会儿再走，我瞬间啥都明白了。

3

明白是明白了，但转头就走似乎太没教养了。但我真没料到这是相亲啊，要知道是相亲，我打死也不来。原来，我妈和这位远房姨妈给我唱了一出暗度陈仓，无奈的同时，又觉得这样的安排真是防不胜防。

时间凝固了几秒，我决定不能再僵持下去了，必须马上脱身。为了打消所有人的顾虑，我决定加了她微信号再走，毕竟确确实实有几个老同学还等着我呢。

"你叫什么名字呀？"

"秦婷。"

"要不这样，我们先加一下微信，有空微信上交流吧，今天我确实约了几个老同学,他们还等着我呢,我已经过来好一会儿了……"

"好的,可以啊。"说着她点开了微信。

扫了二维码之后,我心情瞬间释然。"这都啥事啊?总算告一段落了。"我心里嘀咕着。

"你们在商场再逛一会儿吧,我得先走了。"说着就准备去抱电磁炉,想替她们先存包。

没想到这女生比我反应还快,拎起大盒子"噔噔噔"就奔向了存包处,"我来吧,我来吧……"我有些诧异,又有些不好意思。

"没事,我来!"她头也不回。于是,我大大方方地离开了。

应该说,从这件小事儿上,我看到了这位陌生女孩优秀的一面,但这和所谓的爱情、婚姻又有什么联系呢?

坦白说,从一开始我就没打算用这样的方式去接纳一位女生,而加微信不过是脱身的策略罢了。

接下来的一天,我去滇池游玩,蓝天碧水,海鸟翩飞,兴味正浓时更新了微信朋友圈。她给我点赞、评论,我也只是礼貌性地回复。我不想让她产生错觉,更不能违背自己的内心,自然也不会主动去找她聊天。

所以,当她主动给我发信息,问我什么时候回昆明时,我说:"明年春节吧。"

4

当我回到几位老同学的餐桌前,把这件糗事一讲,所有人都笑得岔气了,好尴尬。接下来的谈话总绕不开"相亲"这个话题,搞得我皮肉发麻。

他们只认一点:你不小了,该结婚了。那×××比你还小都结婚了,那×××的儿子都打酱油了,那×××……才不管你耳朵上的茧子有多厚。

日久生情,生出了友情;一面之缘,你能了解一个人到什么程度?一见钟情首先看中的是一个人的外表,不管你承不承认。虽然说父母会让你处一段时间试试,但是,你朋友圈子里那么多人,你们知根知底,为什么就没有一个能成为你的选项呢?

一见钟情成了泡影,日久生情却生出了友情,这是多么痛的领悟?

……

CHAPTER / 05

相亲，是资源优良整合的过程

1

老毕早就计划好了，春节飞回老家相亲。

漂在广州，找个对象真不容易。最近两年，他相过亲的女孩不下30个，无一不是失败。每次聚会，说起相亲失败的遭遇，朋友们争相挖苦他："别灰心，说不定下一次就成了呢？"老毕蹙眉，摊手笑笑："嗯，下一次我一定会成功的！"

这让我想起小时候看过的球王贝利的故事。有人问贝利："你哪一个球踢得最好？"贝利答："下一个！"当贝利创造大赛进球1000个的纪录后，又有人问他："你对这些进球中哪一个最满意？"贝利意味深长地说："第1001个！"

两件事一对比，有种莫名的喜感：一种是无能为力的穷酸，一种是傲视群雄的自信。

内在进化
——你要悄悄拔尖然后惊艳所有人

有句话说：努力，是为了可以选择。

身处金字塔尖的人，拥有无数选择也不愿将就，仍孜孜以求；身处金字塔底的人，只求一个机会就心满意足，却处处碰壁。而相亲，就像一个匹配条件的积木游戏：你实力强大，匹配的选项就越多；你实力不足，腾挪的余地都没有。

2

在老毕丰富的相亲史中，有一个奇葩女。初次约会的时候，二人相聊胜欢。老毕心中暗喜：这次终于要脱单了！

然而，一段时间过后，老毕发现，该女竟然同时与几位男生保持联系，搞得老毕和被绿了一样难受。于是，老毕在微信上问她："你怎么可以同时跟几个人交往呢？"

女生说："相亲不都是这样吗？当然要在所有选项中挑最好的那个呀，你也可以这样啊，大惊小怪！"老毕气得说不出话来，怒删其微信。

其实，老毕这人真的挺不错的：人很幽默，会体贴人，月薪过万，而且在老家买了房。

他甚至刻意放低了对外貌的要求：中等偏下即可。老毕说："别人要求七八分的话,我只要求四五分。"

在过往失败的相亲经历中,其中有几次就是因为女方长得太好看而未敢同意。

3

在某个单身青年联谊群中,老毕一直是最活跃的成员,但凡新加入的"女嘉宾"都会受到他的热烈欢迎,久而久之,几乎大家都认识他了。

他向我们透露说,他和群里的很多女生都有进一步的交流。然而,自始至终没有脱单。

这就像好工作通常不是找来的。优秀的求职者,当他想跳槽的时候,总有公司主动投来橄榄枝,而那些一直挂在招聘网站上的工作,看起来啥都好,却很有可能是鸡肋。

同理,女朋友也不是追来的。那些优秀的男生女生,通常都容易吸引一群追求者,所以他们很容易脱单。而那些高不成、低不就的男生最尴尬,好的高攀不起,差的还觉得配不上自己,反而更容易落单。

昨天,老毕相亲结束后,发了条微信朋友圈:相亲,是资源优良整合的过程。

另一位朋友在下方评论：是的，相亲就是互相挑选。你去买水果，都会挑那些看起来新鲜又好看的买吧，找对象不更是这样。就是比挑水果难了点儿。

我实在是太同意这句话了，马上点了个赞。

希望我们不是越来越难爱上一个人，而是越来越知道自己究竟爱什么样的人，适合什么样的人。

自己变优秀,才能遇见好的人

1

一位读者跟我讲了一段自己的亲身经历。上高中的时候,她喜欢一个男孩,据说特别帅气,以至于一见她就意乱神迷、想入非非。似乎,这男孩也对她有点儿意思。于是,二人常常腻在一起,很开心。

这种朦朦胧胧、混混沌沌的"恋情"一直持续到高中毕业,谁也没有挑破。也许是命运的安排,他们考上了同一所大学,虽然不在一个专业,但很长一段时间,他们还是像往常一样经常见面。意外发生在一年后,不知从哪天起,他忽然不理她了,更令她纳闷的是,从那以后,他再也没搭理过她,直到现在。

"我很自卑",她对我说,"你知道吗,我这个人一点儿也不敢主动,而且特别容易相信人,我一旦相信一个人,无论他说什么我都信。"

2

与她对话的过程中,我深深地体会到了她内心深处的自卑。

她的家人催婚催得很厉害,每隔一段时间她都会被安排去相亲。不过因为性格的原因,每次与陌生男子待在一起,气氛都十分沉闷。对方问一句,她答一句,对方一中断,她就不知道说什么好。

每次相亲结束,她也从不主动找对方聊天,就等着对方先找过来。倒也遇见过让她心动的男孩,但对方主动了多次之后,就选择了放弃。

事实上,她是一位特别贤惠的女孩。她的厨艺很好,好几次我在微信朋友圈看到她发的照片,满桌子的菜,一个不重样,看着都爽口。这难道不是一个值得称道的优点吗?

但这女孩却不以为然。我妄自揣测,她是过于在意自己的缺点,以至于严重忽视了自身优点的存在。也许,她对自己的长相不满意;也许,她认为自己才华不够出众;也许她的家境不够好……

但是,这世上哪有完美无缺的人呢?

3

曾经,我也是一个有严重性格缺陷的人。我不爱主动搭理人,见

第五章 人生合伙人：更好地彼此成就

了亲戚从不打招呼，见了熟人也只会笑笑。我无数次立志要改掉自己深入骨髓的内向性格，但都失败了。

转机发生在我高三的时候。那时，我的英语特别差，我们学校是以题海战术闻名的一所高中，老师布置作业非常"大气"：不是以"页"计算，而是以"打""册""摞"来计算，其中以英语老师为甚。

因为我底子差，所以就做得慢，而且很多题不会做，而我又对抄作业不屑一顾，于是干脆交空本。

那可不得了，我被英语老师骂得狗血淋头，成了重点关注对象。她对不按时完成作业及完成作业质量不高的人定了一套"惩罚"措施：当着全班同学的面唱歌。

十七八岁的年纪，大家都很害羞啊，尤其是像我这种本来就内向的人，上了台，手都不知道往哪儿搁。为了应付隔三差五的"惩罚"，我特地买来随身听练歌，一遍一遍地听，一遍一遍地学。几乎每一节英语课之前，我都在听随身听，因为"惩罚"真的是突如其来，太可怕了！

第一次走上讲台，我就放开嗓子吼了一首《精忠报国》，一曲唱完，大家噼里啪啦地鼓掌。大家都没想到，我竟然还会唱歌，而且唱得还不赖。走下台，我顿时心花怒放，同学们高喊："再来一首，再来一首！"

这是我第一次突破自己,很难,但豁出去后发现也就那么回事儿。

从那以后,再遇到让我不适的场合,我就在心里暗自鼓励自己:"豁出去,没什么大不的!"最终的结果证明,也确实没什么大不了。

4

自卑的人往往性格内向,而一个内向的人要变得外向是很难的,几乎不可能。拿我自己来说,如今很多需要外向性格做的事情我也能做,但如果可以选择的话,我还是更喜欢内向时的状态。

你当然可以做一个内向的人,但你不能一直内向下去。这个世界很残酷,它更青睐外向的人。如果内向的人不突破自己,势必会错失很多机会,无论事业,还是爱情。

私人场合,你内向一点儿没关系,你舒服,你的朋友也能理解。但公众场合不一样:一份好工作摆在你面前,你颤颤巍巍说不出个所以然,面试官再青睐你,也会犹豫的吧?一个好男孩/好女孩站在你面前,你扭扭捏捏挤不出一句话,对方对你的印象也会大打折扣的吧?

你就放心地说,大胆地做,又不会死,你怕啥?

很多内向的人,其实就是长期被环境压制而养成了事事顺从、唯唯诺诺的心理，他们只会等，只会憋，只会熬，从来只会被动接受、被动选择、被动应付。

这就是你一直与机会无缘的根源啊！

◇ 5 ◇

根据我的亲身经历，我很负责任地说，性格缺陷是可以改善的。就看你是不是有足够的意志力。要是从高三开始算起的话，我至少用了两年的时间来重塑自己的性格，我很满意自己这些年的变化。

如今，无论面对什么人，我都能够镇定自若地应对。

我想告诉内向的朋友们：试着重塑一下自己吧，你不一定非要成为一个外向的人，但是外向的人能做的事情，你也得硬着头皮去做。

你那么自卑，意中人怎么确定你配得上他（她）？你那么自卑，面试官怎么确定你能胜任公司的工作？你那么自卑，合作伙伴怎么确定你能承担重托？……

自卑往往是比出来的，是你长期觉得自己不如别人的心理在心底投射出来的自然反应。你要是和别人比长相，那比你好看的人多了去，不自卑才怪？你若和别人比才华，比你卓越的人也多了去……人比人气死人啊！

正确的姿势应该是承认自己的缺陷，能弥补的弥补，不能弥补的接受。在此前提之下,进一步挖掘和打造自己的强项:长相不够,才华来凑;才华不够,勤奋来凑;勤奋不够,时间和精力来凑……

当你在某一方面的能力能够碾压身边的朋友时,你就不会再自卑了。

记住一句话:只要你豁得出去,就有一万种办法能让你熠熠生辉。

CHAPTER / 05

第五章 人生合伙人：更好地彼此成就

最好的爱情和友情，是我们参与了彼此的成长

⟨1⟩

我是在一场班级文艺晚会上对方恬刮目相看的。

那天晚上，她为我们跳了一支孔雀舞，伴奏音乐正是那首《月光下的凤尾竹》。我是云南人，对这首曲子再熟悉不过了。看着她曼妙的身姿，我断定她是一个对跳舞极有天赋的女孩。

那时，我们已经相识很久了，她的脾气有点儿怪，和身边的朋友相处不大好。但在我面前，她总是乐呵呵的，任凭我怎么"打击"，她都不生气。我总能娴熟地拆她的台，她总能精准地接我的梗，因而，我们在一起的时候，常常笑得前仰后合。

一有时间，我们就腻在一起，一起上课，一起自习，一起吃饭，一起打球，一起到樱花园散步……不知不觉，我好像已经爱上了她。

那时我是班长，也是班上少有的爱打篮球的男生。你知道的，外

内在进化
——你要悄悄拔尖然后惊艳所有人

国语学院女多男少,仅有的一小撮男生里会打篮球的寥寥无几。

学院里组织女子篮球赛,于是我就赶鸭子上架成了班里篮球队的"教练"。为了班级荣誉,每天督促一群女同学顶着炎炎烈日进行训练。

方恬是队员之一,她个子不高,却古灵精怪,在一群女生中十分引人注目。因为我和她比较玩得来,所以篮球赛结束后,我们经常相约一起打球。

有了她的陪伴,打球成了一件浪漫的事。通常一个电话过去,她很快就出现了,有时候我们在新运动场,有时候我们在旧运动场。时间就这么一天天过着,有好几次,我真想对她说"做我女朋友吧"。然而,我始终没有说出口。

上课的时候,我们常常坐在一起,谁先到就会为对方占个座,这几乎是约定俗成的事。我经常踩点才到教室,因此,大多数时候是她为我占座。

大家都以为我们是情侣,只是我们谁都没有捅破那层窗户纸。

有一回上公开课,她趁我不注意顺走了我的笔记本。我察觉的时候,她已经打开了。她指着扉页的一句话诡谲地看着我,那句话是:既不轻易牵手,也不轻易放手;牵手就不轻易放手,放手就不轻易回头。我尴尬地笑笑,欲盖弥彰地阐释起自己的爱情观。

第五章 人生合伙人：更好地彼此成就

随即，她抽出一张纸巾，用碳素笔在纸上快速画起来。几分钟后，她把纸巾递给我，我一看，一口老血差点儿喷出来，上面画的是我——一张黑脸上架着一副大眼镜，下方写了一个字：猪。

我们都没忍住，咯咯笑了起来，笑声惊动了前排。一个女生回过头来扫了我俩一眼，我们相互使了个眼色，连忙低头捂住嘴巴。

末了，她满脸认真地叮嘱我："不准扔，要好好保存哦！"我连连点头。

那一刻，一股暖流氤氲在心间。

2

大一下学期，我们和物理学院的"和尚班"联谊，相约去中心公园烧烤。两个班联谊结束后，很快就凑成了几对，而方恬也被几位帅哥盯上了。

似乎从那次联谊之后，追求方恬的人便多了起来。

某天一起吃饭，方恬突然对我说："有个联谊班的男生举办生日宴，邀请我参加，我不想去，怎么办啊？"

我说："不想去就不去呗。"

"但不去又觉得过意不去，我们整个寝室的人都被他邀请了。"

"那你就去嘛。"

"可是……"

看她犹豫我就能猜到,这家伙肯定是喜欢方恬,才故意设了这个局。

停了几秒,方恬对我说:"你跟我一起去好不好?"

"我去干吗啊?人家邀请的是你又不是我,我以什么身份去啊?"

"我就说,你是我男朋友啊。"

"这……还是算了吧,我不去,你去吧。"

我知道她的想法,她是想借此让对方死心,可是,当时我一根筋,没答应。我没意识到这竟是我俩关系的转折点。

3

一到周末,我照例约她一起打球,一起去图书馆……但我慢慢感觉到她开始怠慢了:有时候叫她好几次,才勉强出来;有几次,还推辞有事来不了。

最后一次约她,是几个星期过后的事了。那一天,她在电话里不温不火地对我说:"其实,我不喜欢打篮球。"

挂掉电话之后,我站在原地失魂落魄,难道……

直觉告诉我,出大事了。第二天,法语课上,我给她递了个纸条:下课楼梯口等我。

下课后,同学们蜂拥下楼,我在楼梯口叫住了她:"嘿,这儿!"

"什么事啊?"她神色迷离地走过来,双颊有些泛红。

"我喜欢你。"我小声对她说。

"什么?"

"我喜欢你。"我调高音量重复了一次。

"啊?我……有男朋友了。"

"好吧,当我没说,对不起,再见!"

我转身下楼,头都没回。其实,那一刻我的心在滴血。

从那以后,我再也没主动联系过她。一个人上课,一个人自习,一个人吃饭,一个人打球,一个人到樱花园散步……

"或许,她压根儿没有喜欢过我吧,是我想得太多了。"我强迫自己忘记这一段回忆,然而,它总是时不时地浮现在我脑海里,想一次心痛一次。

时间就这么一天天地流逝着。听说,后来方恬又谈了几次恋爱,但我对此已经了无兴趣了。我自己呢,直到四年大学生活结束,都没有谈过一次恋爱,也不觉得这有什么不好。

毕业那天,收拾行李离校。我从抽屉里偶然翻到了那张餐巾纸画像,历历往事一幕幕浮上心头。犹豫再三,我还是把它撕了……

内在进化
——你要悄悄拔尖然后惊艳所有人

<4>

很久以后,有一天我偶然在网上看到一句话说:"喜欢就去表白,大不了连朋友都做不成,做朋友有什么用啊,我又不缺朋友,我缺的是你!"

只遗憾,为什么没早几年看到呢?

其实,年少轻狂的时候,谈一场你侬我侬的恋爱,也是一件人生美事啊。然而,二十出头的我,竟丝毫没有谈恋爱的打算。

不过,27岁这一年,我终于遇见了自己的爱情。

表白那天晚上,我把当年那句爱情宣言一字一句地敲给女友:"既不轻易牵手,也不轻易放手;牵手就不轻易放手,放手就不轻易回头。"想不到,她竟然对我说:"这句跟我曾经写得一模一样。"

第五章 人生合伙人：更好地彼此成就

没有爱的婚姻，结与离都是悲剧

❖ 1 ❖

在我的成长历程中，我的家庭关系并不和谐，小时候最怕听到一个词就是：离婚。

怕什么来什么，每次父母一吵架，高潮部分常常是这样：

妈妈恶狠狠地说："我要跟你离婚！"

爸爸也毫不示弱："离就离！"

再或："你滚出这个家！"

"我没拦着你，要滚你滚！"

……

从我记事起到初中，我们家的战火从未停过。无数个夜晚，我像一只受惊的兔子，躲在被窝里用被角擦眼泪，那是我童年的梦魇。

也是从那时起，我变成了一个孤独的人，十多年中，与父母基本上没有任何内心的交流。我觉得他们一点儿都不懂我,而他们认为我是一个听话的乖孩子。

然而,他们始终没有离婚。我知道妈妈心里并不好过,无数个日夜,她都长吁短叹,宁愿到四邻八里侃大山,也不愿在家里多待一刻。

随着年龄的增长,大概到了初中,我对父母吵架这件事渐渐从悲伤变成愤怒。他们一吵架,我心里就升起一股无名火,我真想对他们说:"你们离吧,不要吵了,我受够啦!"

有一年,爸爸跟随单位去西双版纳旅游,回来时,除了带回一大堆干果之外,还有一叠风景区的照片。其中有一张深深地印在了我的脑海里,画面上爸爸和一位傣族姑娘喝交杯酒,面色红润。

第一眼看到这张照片,我单纯地想到了"出轨",同时又害怕爸妈离婚。于是,趁爸爸不在的时候,我找到一只打火机,在阳台上把照片点着了。照片刚烧了一半,却被弟弟发现,我慌里慌张赶紧把它埋进了花盆。

弟弟问:"你烧什么?"

"没什么,一张纸。"我说。

他不信,非要刨出来看。

好吧,看吧,我已经准备好了对他展开思想教育:"这要是被妈妈发现了,又会吵架的,说不定他们会因为这个离婚。他们离婚了,你就会失去爸爸或者妈妈……"

于是，他自己动手，把剩下的一半照片给烧了。

2

在若干年中，我既希望他们离婚，又不希望他们离婚，所以养成了一种极其矛盾的人格。这种矛盾型人格的外在表现就是优柔寡断，看待任何事情都习惯用一分为二的观点看，优劣好坏通通想一遍，最终反而难以做出决定。通常是在不得不做决定的情况下才豁出去——胡乱选择，而后听天由命。

总之，我的内心经常会有两个思想的小人在打架，经常感觉到脑子里被无数杂物所充斥，喜欢胡思乱想，对生活里的一切都感到悲观又无可奈何，沉浸在自我的世界里不能自拔。

我对很多事情都失去了决断能力，却也养成了善于思考的习惯。我一度认为，自己之所以作文写得不错，无非是因为想得太多，内心的痛苦常常使我灵光闪现。

尽管我知道，我的爸爸、妈妈同天下所有的父母一样，都深深爱着自己的孩子，但这样的爱，并不足以让我从痛苦中解脱出来。

我已经不怕爸妈离婚了，单亲家庭也没有那么可怕。我见过不少单亲的同学，人家不也生活得挺好嘛。想得更开一点儿，这么多

内在进化
——你要悄悄拔尖然后惊艳所有人

年的家庭战争带给我痛苦的同时,也让我的内心得到了修炼。

我的心已经坚硬得如磐石一般了,每当有人对我倾诉,我总能给他如沐春风般的开导,因为他所经历过的,我很多年前就已经经历过了。

3

二十几岁,我还没有结婚,有时候却少不得要跟人讨论婚姻话题,某次遇到的话题是:婚姻破裂,孩子还小,到底离婚还是不离?

我成了离婚的坚决拥护者。虽然我的父母没有离婚,他们也确确实实是为了我和弟弟着想,不想让我们成为破碎家庭的受害者。但我深切地感觉:表面完整的家庭对孩子的伤害或许比单亲家庭更大。

在孩子的内心世界里,肯定希望家庭是完整的,这是一种人类原始的情感诉求,但完整却不意味着幸福。如果父母仅仅只是停留在保证家庭完整的层面,而不能从实质上让家庭成员之间的关系得到根本的改善,那么勉强的维持往往是痛苦的深渊。此时,不如横下心来,做个了断。

离婚没有什么可怕的。只不过深受传统观念影响的国人,把它想得太夸张了。既然能够两情相悦而聚,为什么不能你情我愿而分呢?但生活中我们时常看到的,往往是刚烈的爱恋、彻心的决裂,不少破裂的婚姻是不欢而散的,而和平分手的太少。

说得远一点儿,为什么非要到过不下去的时候才考虑离婚,而不是在结婚之前再慎重一点儿呢?

4

金庸先生在《书剑恩仇录》里有句话说:"情深不寿,强极则辱;谦谦君子,温润如玉。"意思是,用情太深往往短命,生性好强容易受辱;君子要谦虚沉稳、优雅温和。

说得玄乎一点儿就是:爱到深处,你已经在消耗自己的元气了。既然真情与元气一样珍贵,为什么要浪费在一个你不爱的人身上呢?

人世间,有很多东西是不可逆的,比如时间,"逝者如斯夫,不舍昼夜";比如爱情,覆水难再收,破镜难重圆。爱时,你天荒地老,不爱时,你撒腿就跑。

不负责任的婚姻,无论结与离都是一场悲剧。所以,也奉劝所有青年男女:不必急于结婚,也不要害怕离婚。如果结婚时你是慎重的,那么离婚时也不要有过多心理负担——该承担的责任承担起来,该放下的痛苦勇敢放下。

愿天下有情人终成眷属,愿天下迷途者慎重如初。

内在进化
——你要悄悄拔尖然后惊艳所有人

好的婚姻是寻找合适的人生合伙人

有人说:"婚姻是女人一生最大的投资。"说真的,我很讨厌这句话。

若非要说婚姻是一场投资,那么最好的投资也是投资自己——把自己的人生押注在另一个人身上,那是一种陈腐的观念。

1. 嫁给初恋,还是真爱

6年前,一位叫阿菡(hàn)的广东姑娘邂逅了自己的初恋。男孩虎虎生风,女孩楚楚动人,二人一见钟情,恋爱4年后,他们水到渠成地结婚了。

那时还没有开放二胎政策,二人均在单位工作。男友要阿菡辞职回家生小孩,并扬言"要生3个以上"(广东某些地区的观念)。阿菡听了很是不爽,仿佛自己在对方眼里就是一生育工具。

让阿菡欲哭无泪的是,当她表示反对时,男友居然荒唐地对她

第五章 人生合伙人：更好地彼此成就

说："要不，我再找一个女的回来生小孩，你也不要走，我最爱的人还是你，我们三个人一起生活。"

此话一出，阿菡对自己的新婚丈夫彻底绝望了。

带着无限的愤怒和失望，阿菡与丈夫离了婚，只身一人来到了深圳。

两年过去了，通过自己的努力，阿菡已经有了自己的工作室。她一度以为这辈子再也不会结婚了，但命运却给她安排了另一位珍视她的男人，他们计划今年10月结婚。

2. 嫁给颜值，还是才华

张幼仪嫁给了徐志摩，徐志摩爱上了林徽因，林徽因最终与梁思成结为伉俪。纷扰之间，旁边还有一个金岳霖，终身未娶。

后来，徐志摩勾搭有夫之妇陆小曼如愿以偿，谁承想，徐陆二人同床异梦——穷酸教授与拜金少妇终非一路，徐死后，陆再嫁翁瑞午，一厢情事才算了结。

你说，徐志摩的才华不够卓越吗？陆小曼的颜值不够出众吗？然而，或许才华与颜值均不是婚姻中的决定性因素——脱离了才华的颜值空洞不堪，脱离了人品的才华不名一文。

论婚姻，最大的赢家是林徽因与梁思成，他们余生的恩爱与幸福已经为历史证明。最大的输家是金岳霖，其人才华、人品俱佳且幽默风趣，却贻误终生，令人唏嘘。

女孩子到底应该嫁给颜值，还是嫁给才华呢？当然，颜值与才华兼备是最好的。只可惜，才貌双全的人永远供不应求，非要二选一的话，私以为才华更可靠一些。当然，前提是人品可靠。

容颜易老，青春会跑，有人品加持的才华永远闪耀。

3. 嫁给蓝筹股，还是潜力股

蓝筹股的特点是稳赚不赔，也正因此，所以迷之者众。潜力股呢，现在看来或许很一般，但前途不可限量，同时充满不确定性因素，大多数普通青年只能归于潜力股。

选择蓝筹股起码可以保底，毕竟实力就摆在那儿。但蓝筹股的缺点也很明显：难以掌控。

不过，在无数优越条件的光芒之下，这点儿缺憾又算得了什么呢？

一些女孩口口声声称自己是"大叔控"，年轻的男孩可能觉得不可理喻：老男人有什么意思？可是其实这是符合人性的：

从精神层面讲，大叔见过世面，比小年轻成熟吧？从物质层面讲，大叔完成了原始积累，比穷小子阔气吧？从为人处世方面讲，大叔阅人无数，比愣头青会哄女孩开心吧？

对女生而言，嫁大叔等于给自己找了一个老爸；而嫁"小鲜肉"，只会把自己变成一个老妈子。

每个人都有选择自己生活的权利，为你选择的生活全力以赴就好。很多事情无所谓好与不好，就看你想不想要。

4. 嫁给喜欢，还是合适

最近，一位朋友的感情出了问题。

当初他一时冲动，对女孩表了白，出乎意料的是，女孩欣然同意了。后来才知道，原来女孩也已经喜欢他很久了。

二人都是抱着结婚的目的交往的，为此，男孩甚至提前准备了婚房。

但相处越久，男孩越觉得女孩与自己不在一个频道上。男孩事业心很强，工作起来很拼命，但每天加完班回家还要坚持跑步。每次他都想带上女孩一起，趁机聊聊天、谈谈情。但女孩不喜欢运动，勉强去了几次之后便坚持不下去了，这让男孩很失望。

此外，男孩还发现，女孩是那种安于现状的人，与胸怀大志的自己格格不入。她对自己的事业并不那么关心，更谈不上为自己出谋划策、指点迷津了，他想找的是贤内助，而不是保姆。

用男孩的话说，女孩除了人好，其他方面（学历、工作、个人视野、家庭背景等）都与自己相去甚远。他不想伤害她，却又难以接受这样一个人成为自己的妻子,更棘手的是自己的父母也站在女孩一边。

男孩最担心的问题是女孩想不开,因为当初是他主动追的女孩,而且女孩又是那种"死心眼"的人。

他感到很为难。

婚姻这件事,千万不要对将就心存幻想——与其糊里糊涂地将就,不如痛痛快快地选择单身!

5. 结婚,是为了寻找人生合伙人

结婚不是交配,如果只考虑传宗接代,我想结婚应该不是一件很困难的事情。从生物学的角度讲,男女生理、智能、健康、长相条件匹配的话就可以结合了,只要不是近亲,但这是你想要的吗?

幸福的本质是悦己,换句话说:你不开心,整个世界开心都没用。也许结了婚,真的会很幸福,但在一个人不想结婚的时候逼婚,对他来说是一种灾难。父母也许一时开心了,但婚姻却要伴随你一辈子,你准备好了吗?

如果你没有准备好,不如多等一段时间,反正早晚都要结婚,你急什么?

结婚,是为了寻找一个人生合伙人。

CHAPTER / 05

第五章 人生合伙人：更好地彼此成就

从单身走向婚姻，本质上是一种生活方式的转变。原本，我有我的轨道，你有你的轨道，两个人走到一起，共同打造一个更漂亮、更精彩、更有趣的共有星系。

准备好优质的自己，迎接一个优质的伴侣，这就是我目前对婚姻的一点期待。我不怕结婚，只怕自己不够优秀，配不上优秀的另一半。

也许你会说：年龄越来越大，找对象会越来越难。

我只想说：不结婚我过得很好，要结婚，前提是结婚要比不结婚过得更好。如果这一点不能实现，结婚又有什么意义？

最后，我想把电影《怦然心动》里的一段话送给你们：

Some of us get dipped in flat,some in satin,some in gloss. But every once in a while you find someone who's iridescent,and when you do,nothing will ever compare.

韩寒译文：有人住高楼，有人处深沟，有人光万丈，有人一身锈，世人万千种，浮云莫去求，斯人若彩虹，遇上方知有。

第六章 终身成长：让人生自己说了算

内在进化
——你要悄悄拔尖然后惊艳所有人

你可以上二流大学，但不可以过二流人生

虽然当年我的高考分数超过了一本录取线，但其实我的大学是一所二本院校。有意思的是，我们学校在我大三那年升为一本。所以，连我也搞不清自己是几本毕业的了。

我的母校距离一流大学还是有距离的，但这并不意味着，我要一辈子活在二流大学的阴影之中。

毕业头三年，是人生易辙的高峰期，一些人选择了回炉考研，一些人选择了换行换岗，还有一些人茫然四顾，左右为难。

回炉考研的同学，大多瞄准了985、211院校。复试的时候，考官问："你们学校是985、211吗？"他们脸上透出大写的尴尬："我是一所二本学校毕业的。"

一些同学铩羽而归之后，往往会提到一个感触——二流院校备受"歧视"。就地换行换岗的同学，也常常遭遇类似的尴尬，某些公司指明只要985、211院校的毕业生，令一些自诩优秀的人无可奈何。

CHAPTER / 06

难道,二流大学的毕业生就没有出路了吗?

1. 在二流大学,也可以争取一流教育

早在上高中的时候,我就养成自学的习惯,所以进了大学之后也没觉得不适应。倒是经常觉得老师讲得不够深、不够透,更谈不上有趣,以至于对一些课程彻底丧失了期待。于是,逃课变成了常态。

当然,我逃课并不是为了睡懒觉,而是去图书馆或者公共教室自习。事实上,我花了大量的时间和精力去研究自己真正喜欢的文学,读了大量的诗歌和小说。

有时,我也会看一些公开课的视频,比如网易公开课。对广大二流大学的学生来说,网络恐怕是弥补教育资源差距的最好渠道了。所以,千万别只知道追剧、打游戏。

你要是真的热爱学习,也可以去其他学院甚至周边学校蹭蹭课。别害羞,没人会嫌弃你的,相反大家会觉得你很了不起。如果你的视野范围仅仅局限在本专业、本学院,估计你会绝望的。

话说回来,如果你们学校、你们专业还不是很差的话,一定有值得你追随的老师。你要耐心去听、虚心去学,和他们成为朋友——相信我,你一定会受益匪浅的。

2. 在二流大学，也可以交一流朋友

我上大学那会儿，我们学校的学习风气算是极好的了。我听说很多二本院校并非如此，尤其是在一些男生较多的专业，打游戏、泡网吧、追女孩是很疯狂的。

一位同学曾告诉我，某校一名男同学沉迷游戏，连续一周泡在网吧，天天吃方便面，直到猝死才被网管发现。我听了心头一震。

在集体迷失的环境里，一个人更容易误入歧途。所以，当你"不幸"跌进这种大坑，千万别想什么合群不合群，正相反，你要成为一名特立独行的侠客，要学会与自己为友，与优秀的人为友。

二流大学里也有一流学生，你大可以向这一小部分人看齐。如果你是一个有抱负的人，那就去跟全校比，去跟全省比，去跟全国比。别沉溺在自己的小班里一个劲儿自我感觉良好。

3. 在二流大学，也可以练一流武功

大一的时候，我特别迷茫。有段时间，我在QQ空间里写了一句话说：大学就像一个养猪场。因为大学生活太安逸了，安逸到无聊，于是，我就拼命地去找事儿做。

我喜欢书法，就买支毛笔天天在寝室里练；我喜欢诗歌，就买了厚厚的一摞诗集来读；我喜欢篮球，就天天跑到篮球场上蹦……反

正,就是不想让自己闲着。

一闲下来,人类就忍不住会思考人生的意义,想来想去想不出啥名堂,徒增烦恼。

如果你真的热爱自己的专业,一定要花大力气去钻研,局限于课堂上的一点点东西是远远不够的。如果你真的不喜欢自己的专业,一定要伺机转专业,不要嫌麻烦。我就是因为嫌麻烦而没换专业,想起来挺遗憾的。

除此之外,如果你在哪一方面有特长的话,大学四年就是你突飞猛进的绝好机会。只要你愿意,就可以找到很多和你有共同兴趣爱好的人,大家彼此切磋、共同进步,那种感觉是非常棒的。

4. 在二流大学,也可以找一流工作

一流大学与二流大学的差距,到毕业找工作的时候体现得最明显。

随着毕业季临近,你随便到双选会现场走一走,就知道自己手中的文凭有几斤几两了。

记得我毕业那年,特地搜了一下周边几所高校的招聘会,对比之下,一个最大的触动就是别的学校招聘会来的清一色都是大企业,而自己学校来的十之八九是不知名的小公司。

那一瞬间,我对校招丧失了仅有的一点儿期待。

接下来的日子，虽然我也会参加校招，但更多是为了增加一些面试经验。事实上，我心里打的小算盘是：拿到毕业证后自己去找更好的工作。

对于二流大学的同学来说，这是一个非常现实的问题。有的人想不通为什么有的公司只要985、211院校毕业的学生，其实原因再简单不过了：一流院校的人选已经够多了，而且筛选成本又低，根本没有必要开拓更多的招聘渠道。

此时，对二流大学的毕业生来说，最好的选择就是：跨校应聘。

我的一位同学就通过跨校应聘成功拿到了一家世界500强的入职通知书。

所以，不怕你起点低，只怕你不争取；不怕你背景差，就怕你实力弱。

5. 在二流大学，争一流机会

上大学是你改变命运的一次机会，考研、考博是你提升空间的另一次机会。

对普通家庭出身的孩子而言，考学向来是实现阶人生跨越的方法之一。当你在职场中摸爬滚打几年后，这种感受会更加明显。所以，一些同学选择回炉考研，在我看来是再正常不过了。

CHAPTER / 06

我有一位同学,考研进了北大,如今周游列国、潇洒自在。另一位同学考研进了北外,而后考博,又以第一名的成绩进了北大,且是唯一的应届生。还有位同学,虽然考研学校一般,但是最终也如愿进了腾讯。

所以,你看,二本又如何?只要你够厉害,本科在哪儿读,其实都没关系。

说这些,并不是为了证明二流大学的出路就是考研。而是想说,你既然觉得二流大学的选择少,那就应该积极为自己创造更多、更好的机会。

你之所以被忽略,并不是因为你背景不好,而是因为你既没背景又没实力。

我在某公司上班的时候,听一些同事聊天说:×××家里非常有钱,之所以天天来上班,只是为了打发时间,事实上此人月薪五六千,还没有家里每个月给的零花钱多。

你猜,他的零花钱有多少?据说,每月三万元,定期打到卡上。

恐怕绝大多数上班族都没有这样的待遇吧,你上班是为了打发时间吗?你含辛茹苦工作一个月,目标是用有限的薪水养家糊口。有时为了蹭一顿饭,还要假装在公司多加两小时班;有时为了省三五元,还要假装锻炼身体多走两千米路。

内在进化
——你要悄悄拔尖然后惊艳所有人

　　你这么努力,是因为你不得不努力;你也想天天闲着,但你根本没这个能力。
　　毕竟,欲带皇冠,必承其重。

让父母放心是一生的功课

1

"儿子,你要好好考虑一下结婚这件事了。"

"嗯。"

"你要是在外面遇到合适的,就找一个吧,我们不嫌远的。"

"嗯。"

"下次别人再给你介绍对象,你就去见一下?"

"嗯。不过……别这也让我见,那也让我见,也要有所选择的嘛!"

"好,有你这句话就够了。"

……

离开深圳的前一晚,我妈对我的人生大事再三嘱咐了一遍。

不知从什么时候起,我很少直言冲撞父母了。尽管我有自己的主见，但对于他们的苦口婆心，我开始默默选择"顺从"。

爸爸半边头发已经花白了，妈妈开始学广场舞了。他们对我的管束越来越宽松，我的内心却越发不是滋味，但我能感受到他们的焦虑，越来越深的焦虑："你结婚了，你爱怎么过怎么过；你一天不结婚，我们就得多管你一天。"

在我妈心里有一种根深蒂固的观念：只有儿女都有了自己的家庭，父母才算完成了自己的"任务"。

2

年后回深圳，我妈终于同意跟我一起来深圳转转，这是我春节放假前就和弟弟"谋划"好的。起初她欣然同意，临买票的时候却反悔了，怕花太多钱。

我和弟弟硬是把她的票买了。

妈妈几乎没出过远门，大半辈子也没离开过云南。没错，这是一个令人向往的地方，但在这片土地上生活得太久，也会麻木。我想带她出来看看，身临其境地感受外面世界的繁华。

另一层用意是借此释放她的焦虑，让她知道我在外面吃得饱穿得暖，并没有她想象得那么苦；而我所在的城市深圳，也不像她想象得那么复杂——总而言之，我就是想告诉她我很好，我能照顾好自己，

CHAPTER / 06

第六章 终身成长：让人生自己说了算

不用担心。

从上大学起离开自己的家乡，算起来身在异乡的日子也有8年了。从云南到湖南，从湖南到广东，一年也就回家一次，我很能理解父母的焦虑。

电话里，我妈常常跟我讲她四处听来的小道社会消息。儿行千里母担忧，我总是耐心地听着。

多年前，齐秦不是有首歌吗："外面的世界很精彩，外面的世界很无奈。"没出过远门的妈妈，对漂泊生活的印象更多是民工一类。因为，在我的家乡，大多数外地人都是干这个行当的，她总担心我在外面吃苦受累。

我妈常说："你在外面听起来工资是高那么一点儿，但开销也大啊，起早贪黑干一年省下的钱还不如我种一小块地，关键是自由自在，不用看谁的脸色。如果你回来，趁我和你爸都干得动，你想做什么我们都可以搭把手。"又说："你赶紧找一个对象吧，你养不起我们帮你养，每个月补贴你生活费。结了婚，你想出去我们也不拦你，小两口一起有个伴儿。"我听得既尴尬又惭愧。

但当四邻八里关心起我的终身大事的时候，我妈却笑着说："结婚这件事啊，强迫不来的，他爸30岁才结婚，他是遗传他爸了……"

宽容中暗藏着无奈，我又何尝听不出？

内在进化

——你要悄悄拔尖然后惊艳所有人

3

临别那天早晨,妈妈煞有介事地说:"深圳是个好地方,虽然处处都要花钱,但人家服务也好啊,所以这钱花得也值。"我听了心中窃喜。

她能这么想,我的目的也就达到了。

不过,另一句话却让我如鲠在喉:"你以后每个星期一定要打个电话回家啊,别让我们白养你一场。"所幸我每个星期都记着这件事,也就偶尔因为一些事情耽误过几次。

妈妈在深圳待了一个星期,算起来我也就陪她玩了三天。其余时间是弟弟带她出去玩的。

在穿越东西冲(深圳一处沿海徒步线路)的时候,其中有一小段路特别凶险。一侧是山崖,一侧是大海,只能通过几块相邻的岩石攀爬过去。我走在前面,妈妈走在中间,弟弟断后。

因为海浪的冲击,岩石上布满青苔,特别滑。正当我爬上岩石的一瞬间,一个海浪猛地扑打过来,这可把我妈吓坏了:"呀——"

我生怕她情急之下出什么问题,拍着脚边的岩石大喊:"没事儿!抓稳!你们走那边!"一回头,我大半的身体都已被海水溅湿了。

所幸,我们总算平平安安穿了过去,但那一刻,我突然发现带我妈来冒这个险是一个错误。毕竟,她已经是一个52岁的"老人"了

CHAPTER / 06

第六章　终身成长：让人生自己说了算

啊，早已过了身轻如燕的年纪！

当然，这也不是我第一次留意到她开始慢慢老去，只是之前心里一直没太当回事。好几次，我们三人一起走在路上，走着走着妈妈就掉队了。"我腿没你们长啊！"妈妈说。于是我们只好走慢一点儿。

也不知道从啥时候起，妈妈开始关注起深圳的天气了，我是从妈妈的电话中得知的："昨晚天气预报说深圳下雨了，你要多穿点儿啊，病了可没人照顾你。""嗯，好的，我知道了，你就不要担心我了，我会照顾好自己的。"

当我生病的时候，妈妈也能一下就听出："你感冒了吧？声音听起来有些不对。"好像从没错过。

4

这几年，我在外面确实没赚到啥钱，但我从来不觉得自己白过了。漂泊，对我而言是一种历练，我珍惜这个机会。

身在异乡，纵然辛苦，但这里有小城市无法比拟的环境，这里有小城市体验不到的氛围。一样是谋生，我更喜欢大城市的氛围：包容、开放、平等、自由。

自从来过一次深圳，我妈对我明显放心了许多，从电话里就能听得出。她也不怎么催婚了，虽然也忍不住时不时提一下，但明显没有

内在进化
——你要悄悄拔尖然后惊艳所有人

从前那么迫切了。

龙应台在《目送》里写道:

> 所谓父女母子一场,只不过意味着,你和他的缘分就是今生今世不断地在目送他的背影渐行渐远。你站立在小路的这一端,看着他逐渐消失在小路转弯的地方,而且,他用背影默默告诉你:不必追。

每次读这段话,都觉得做父母是一件无比伤感的事,劳神费心地将子女养大,他们却飞得茫无涯际……

妈妈离开深圳后的几天里,我还时常想起那天在东西冲惊险的一幕:如果我当时一下没抓稳,被浪卷到海里会怎样呢?这么想着,妈妈惊慌失措的神态在我脑海里回放了好几遍。

父母对子女的要求,真是特别低的——他们并不要你大富大贵,他们只要你平平安安。

我们这些居无定所的异乡人,不管因为什么原因漂泊在外,都不要再让父母为我们操心了,照顾好自己,有事没事就给家里打个电话。

无论身在何处,请做一个让父母放心的人。

自驱力：让自己跑起来

1

有一天，突然接到我妈电话，大意是：镇上的炼油厂招工了，条件是高中文化以上。

我一听很不耐烦："我这不是干得好好的吗？"

我妈连忙解释："没什么别的意思，就是给你汇报一下家里的动态。"

我知道，并没有那么简单。

看我不高兴，她也不再强求，挂了。挂电话的一瞬间，我听到了我妈的一句话："人家不听……"是对我爸说的。

在我爸妈的眼里，只有国企才是最靠谱的。刚毕业的时候我遵命回老家工作了半年，最终还是待不住，在临转正时选择了辞职。

后来辗转北京、深圳多地，其间因为朋友邀我一起创业，再度回到家乡；之后，再次选择了离开。

两段在家乡工作的经历,让我清醒地认识到一个事实:年轻人还是应该去大城市。

每次打电话回家,我妈总是劝我:别在外面漂了,老大不小该结婚了,人家的孩子都一两岁了……

我常常对她说:"我有我的活法,您就别自寻烦恼了!"

她也不置可否,但每次打电话总会把那套说辞再重复一遍……

2

在写下这篇文章的时候,我已再度返回深圳4个多月了。说实话,我喜欢这座城市,这是一座你没人非议你的城市,走也好,停也罢;快也好,慢也罢;勤奋也好,懒惰也罢;单身也好,结婚也罢……总之,没有人管你!

但你从不会因为可以停下来就止步不前;不会因为可以慢一点儿就磨磨蹭蹭;也不会因为可以偷懒就百无聊赖……虽然你是一个过客,却不会因为自由而失去方向。

恰恰相反,当你沉浸在一种价值创造的氛围中,你会不由自主地加快自己的脚步,更加勤勉,更有斗志。这不是被逼无奈,而是一种驱动力。这座城市,有一种强大的内力驱动着万千年轻人向前奔跑。

在这样的环境中,我觉得自己是个鲜活的生命,而不是行尸走肉。

而在小城市工作却是另一种状态，一种更悠闲、轻松、惬意的状态。

对于刚毕业还带着些许理想主义的大学生而言，真不是一个好的选择。

3

也许你并不相信，也不能理解，小城市与大城市的差距真的有这么大吗？作为一个从边疆小镇走出来的大学生，我深有体会。

如果有人问我大学毕业是去大城市还是回家乡，我会告诉他，一定要去大城市！

并不是我好高骛远，而是大城市与小城市的区别确实太大了，这也是我亲身经历后才体会到的：经济落后的城市，教育往往也落后；经济发达的城市，教育往往也发达。

有人会想：大城市就算了，去中部城市就行，中部城市消费低一些，但事实并非如此。一些大城市里的大学，因为学校、政府有补贴，消费甚至比小城市的大学还低，而且学生还有各种福利。

再说说工作。许多先进技术、先进模式、先进经验等，几乎都率先在大城市里生根发芽，如果你是一个有强烈学习欲望的青年，大城市才是真正能让你成长的地方。大城市的思想更加开放，更加尊重市场、竞争的规律，因此这里有更多奋斗的年轻人，也更具活力与包容心。

如果说小城市是一个按部就班的作坊,那么大城市就是一个一切皆有可能的炼丹炉。

4

如果你问我:外面好还是家乡好?我会毫不犹豫地告诉你:家乡好,因为那里有纯净的空气、温暖的阳光、善良淳朴的人民。

但为什么我不想回去呢?因为我觉得自己还折腾得起,尽管我也不年轻了,但至少心态是年轻的,我还想认真地奋斗一把,我还想仗剑走天涯,去外面看一看。

家乡是一个温暖的巢穴,随时可以飞回去,但对于外面的世界,一旦你的斗志被磨灭了,就再没有机会探寻了。年轻的时候不怕失去,也无所谓失去,你要有"上九天揽月,下五洋捉鳖"的勇气,在父母的庇护下吃窝边草多没劲。

要是有一天,你真的累了、倦了、飞不动了,再离开也未尝不可。

繁华阅尽,风云览遍,即使没有成功,也是值得的。但如果你压根儿没有飞出去过,岂不是留下了一生遗憾?

停止过度准备，请上手

①

"有没有发现我好几天没抽烟了？"走在路上，黄生突然问我。

"哦？好像是（其实我没怎么注意），不过……你这烟戒得太干脆了点儿吧？！"

"是啊！"话匣子一打开，黄生立刻眉飞色舞，"我现在是发现了啊，无论做什么事儿，千万别做计划，你计划来计划去，最后啥也干不成。"

"想到即做？"

"没错，想到即做！"

黄生是我同事，是一位产品经理，平日里工作压力大，时不时就得点根儿烟，看得出，他的烟瘾不小。

我虽然不抽烟，但我对戒烟的难度还是有一定认知的。毕竟，我爸曾经就是一个有着20年烟龄的骨灰级烟民。当年我爸戒烟，那是戒了又抽，抽了又戒，三番五次、千回百转，才算彻底断了烟瘾。

这小子倒好，冷不丁说不抽就不抽，雷厉风行，这魄力我服。

2

上学时我有一位同学，是个标准宅男。

因为长期不分昼夜地打游戏，把身体拖垮了。某天从医院体检回来，他心虚了，立誓从此要好好锻炼身体。

他知道我喜欢打篮球，想和我一起。

"魏渐，以后我跟你一起去打球吧。"

"好啊！"

"那你明天早上出门的时候一定要叫上我啊！"

"好的，没问题！"

如此煞有介事，我以为他真当回事儿了。结果，第二天我去敲他宿舍的门，半天没人应，嗓子喊破才把他叫醒，他却说稍后到。

一个稍后就是两三个钟头，等我打完球回去，他还没起！

此后，他又三番五次让我叫他，每次都跟我说"这次一定要去"，但每次都不出意外地起不来。

其中有一次，头天晚上他本来是要去打游戏的，正要出门时突然改变了主意。"不行,我今天要早睡,明早一定跟你一起打球……这次我一定要去了,不去不是人!"他对我说。

然而,第二天我去叫他,他依然是老样子。

以后我就懒得叫他了,反正也没啥用。直到毕业,他也没和我打过一次球。

◇ 3 ◇

几个月前,有个微信好友想开公众号,问我怎么做运营。老实说,他的很多问题是可以直接百度的,但我还是耐着性子花了一个多小时为他解答。

前几天,看见他在微信朋友圈转了一篇《如何打造百万大号》的文章,有点儿被吓到了,忍不住"关心"了一下:

"你的公众号叫啥,名片推我关注下?"

"还没注册呢。"

"这……都过了多久了?!"

"嗯,最近比较忙,过些日子弄好我再推你。"

我一时语塞,隔了一会儿,他又给我发来一条语音:"我觉得你的文章还是太嫩,文字垃圾的即视感。"

"我……"这回马枪杀得我措手不及。

迟疑了二秒钟,我一五一十地回应他:"嗯,没错,是存在这个问题。不过,我也不能等到登峰造极再来写啊……我知道我写得不好,但我现在想写,所以就先写咯,就当是写作训练,我相信一定会越写越好的。"

一件事做得不好,就不做了,要真是这样,天下事那么多,我能做好的有多少?如果做不好就绕道,恐怕一辈子也做不成几件事,恕我无法接受。

4

凡是我想做的事,我就非得去试一下,而通常我想做的事,一旦建立起兴趣来,往往也不会做得太差。

以写作这件事为例,我为什么能坚持到现在,主要是因为我很早就对写作产生了兴趣,我一次又一次地从写作中获得了快感,每完成一篇文章都让我感到兴奋。所以,对别人而言,花两三个小时写文章很难熬,对我而言却很享受。

写得不好,我何尝不知道呢?正因为写得不好,所以我才一直写啊,如果我现在就写得很好,还有持续练习的必要吗?

这两年,形形色色的写作者我见得多了,有的人一句话都写不通,也敢自称写作高手,你说像我这种不入流的十八线"野生作者",

还有必要在乎别人的说三道四吗?

◇ 5 ◇

这个世界从不缺抓乖弄俏的聪明人——自己不行动,还忍不住干扰别人的行动。我等这般不够聪明的人,只能脚踏实地、心无旁骛地去做自己认为对的事情了。

然而,说起来容易,做起来难。因为这不仅需要想到即做的魄力,还需要持之以恒的毅力,更需要披荆斩棘的耐力。"想到即做",仅仅是一个开头而已,煎熬在后头,诱惑在后头。

不过,万事开头难。很多时候,我们还就缺开头这一点儿"想到即做"的魄力:减肥要定计划、看书要定计划、学习要定计划,甚至饭后散个步也要定计划……计划来计划去,最初的动力都消耗完了。要知道,在时间面前,绝大多数美好的计划,都抵不住拖延与懈怠的双重夹击。

事实上,在大多数情况下,一件事能不能做成,不在于它困难与否,只在于你的决心够不够。你一开始就认定必须完成,中途出现的很多问题就能想到办法去解决;而你一开始就默认"可做可不做",那多半是完成不了的。

人性是懒惰的,时间滋生惰性。心中有梦的人,注定终其一生都要与自己的惰性做斗争。

所以,如果你认定要做一件事,先别管它有多难,也别管能不能做成,更不要管别人会怎么看,只要立刻去做就可以了!

不会没关系,一点一点地学,一点一点地摸索。只要你确定自己对这件事感兴趣,只要你智商不是负数,多动一下脑筋,总能摸到一点儿门道。即使最后没有做成,又有什么关系呢?做自己感兴趣的事,本身就是一种享受。

但如果,你都不敢开始,何来出类拔萃?我的态度是:越是做不好,越要去找虐。兴趣虐我千百遍,我待兴趣如初恋。你与卓越之间,就差一个"想到即做",这个词的深层含义是:只要你想,立刻去做;循序渐进,终有所成。

看透：普通和优秀的差距，在于应对方式不同

某天聚餐，朋友突然提出一个颇为刁钻的问题："假设你现在已经结婚了：有一天因公独自去国外，途中遇到一位异性，比你的另一半年轻、帅气（漂亮），且有更多的共同语言，此时他（她）追求你，你会接受吗？"

问题一出，大家面面相觑，忍不住笑出了声：

A："如果真如你所言，我想我会。讲真，人性可以检验，但它经不起考验。"

B："不会，我已经有了家庭，受不了滥情的人。"

C："好纠结，如果是我，要是和老公平时关系就不好的话，可能会……说不准，遇到了才知道。"

……

"魏渐，你怎么看？"见我迟迟不说话，朋友把视线转移到我身上。

于是，我给大伙儿讲了个故事："从前，山里有座庙，庙里有一老

内在进化
——你要悄悄拔尖然后惊艳所有人

一小两个和尚。小和尚初来乍到,老和尚想点拨点拨他。一天,老和尚把小和尚带到一片竹林,要他顺着竹林中的小路一直走到头,把最大的一颗竹子砍回来。小和尚走啊走,看到一棵觉得大,再往前走,又看到一棵,似乎更大……就这样,小和尚总想着后面还有更大的,几次驻足却迟迟没有下刀。眼看就要走到竹林的尽头了,为了交差,小和尚只能草草砍下一棵还不错的竹子,而那棵最大的竹子早就错过了。"

故事讲完,我清了清嗓子,说:"找对象,就像找那棵最大的竹子一样,你可能永远也不知道最大的是哪一棵,当你选择了一棵竹子,就意味着必须放弃其他的选择,没有后悔的余地。如果你都不确定跟你结婚的那个人是不是你心目中那棵最大的'竹子',你为什么要和他(她)结婚呢?你既然已经选择了跟他(她)结婚,为什么还要对别的'竹子'念念不忘呢?"

罗伯特·弗罗斯特(Robert Frost)在诗中写道:"林中有两条路,你永远只能走一条,怀念着另一条。"人生的路,何尝不是这样?更好的选择永远存在,但是你总不能吃着碗里的瞧着锅里的,你必须找到一个可以视为依归的落脚点,它不一定是最好的,却是最适合你的;它不一定能让你感到激情澎湃,却能让你心安。

前段时间,一家知名金融公司向朋友晨发出了职位邀请,对方开出13000元的月薪,挖其过去做新媒体运营。晨说当时她确实挺心动

CHAPTER 06

的，毕竟，薪水比现在高出不少。

很巧的是，当时她的工作正好遇到了瓶颈，摆在晨面前的机会够诱人：大公司、更高的薪水、颇具前景的行业……与常人心里对好工作的定义十分吻合，但她很纠结。

一个月内，对方的项目负责人三次约晨面谈，每一次她都勉强压制着内心的躁动，到第四次的时候，晨实在忍不住了，决定去会一会。

他们在一家古色古香的咖啡厅见了面，稍事寒暄之后便进入了正题，沟通很愉快。刚聊完工作，一位美女人事经理飘然而至，单刀直入要谈薪资，这是晨万万没想到的，"这……我……我今天过来呢，只是想先了解一下工作的情况，谈薪资这个事先缓缓吧，还没那么快……"晨吞吞吐吐地回应。

但老实说，晨还是被对方的诚意暖到了，答应他们最近的一个周六去面试。周六一早，晨意气风发地去了，先是跟首席运营官聊，之后和人事经理聊。这一次他们正式地聊了薪酬，晨提出的要求，对方基本上都能满足，很快就给她发了录用通知。

那一瞬间，晨信誓旦旦地认为自己可以痛下决心跳槽了，但到了晚间，我的一番话让她产生了动摇："如果并非换行业，依然是同类公司、同岗位的工作的话，不建议你换。我们公司前段时间一个离职的经理又回来了——出去之后,才发现还是原公司好,不管薪资待遇、工作氛围,抑或是老板的器重程度。"

作为知根知底的朋友,我对她跳槽的做法颇有微词:"你现在的工作真不算差了,待遇还可以,老板也挺好的,业余还能搞搞自己的爱好。尽管目前遇到了一些问题,但这些问题也不是换工作能解决的,你想想是不是?"

第二天一早,晨给对方发了一条短信,于万分歉意中拒绝了这个机会。

其实,卓越的人才无论在哪里都能过得风生水起;而平庸的"废柴",但凡遇到一点儿困难就满世界乱窜——再换100份工作又能怎么样呢?

更好的机会永远存在,别总以"机会"为借口逃避现实。在人生中,有一些路是必经之路,哪怕现在侥幸逃开了,将来指不定还得重走。

一位前辈曾对我说:"人生有三大遗憾:不会选择、不坚持选择、不断地选择。"

情窦初开时谈恋爱,一心只想要颜值高的,好容易找到一个颜值高的,却嫌弃他才华不够;后来找了个有才的,又受不了他不会哄人;终于找到一个会哄人的,却发现他是个花花公子……

CHAPTER / 06

这就像初入职场时找工作，一心只想要工资高的，好不容易找到一个工资高的，嫌弃加班太多；后来找了个清闲的，又受不了领导的苛刻；终于找到一个好领导，却发现这个公司是个皮包公司……

结果，感情转山转水，还是孑然一身；工作换来换去，依然囊中羞涩。

晨曾拿我开涮说："你为什么27岁了还没有女朋友？是不是喜欢男的啊？"我咽了咽口水，答："年龄很重要吗？我不着急。有些事，一辈子做成一件就够了，比如结婚。"

人生行至27岁，不算短，亦不算长。在我看来，谈恋爱不是买衣服，一个季节一个新款，茫茫人海独寻一人，为什么不多走走看看呢？我只想谈一次以结婚为目的的恋爱。

前些天，有位年轻读者向我求助，三年转型14次的他，已经完全不知道自己接下来该做什么了。他抱怨一大堆，大意是：过去做过的每一份工作都不喜欢，也没有一份能做出成绩的工作。

我问他："你有考虑学点儿什么技能吗？"他说："我都快30岁了，学不进什么东西了。"细问方才得知，原来他所谓的"转型"，其实是从厂里普工到卖保险，从卖保险到做微商，中间还有一段时间在大街上贴小广告。如今他在某建筑工地当保安已有小半年了，这算是他近三年来做得最久的一份工作。

当时我就在想：倘若此君能在一份工作上专心做三年，如今会不会有所不同呢？再者，年纪轻轻就说自己学不进任何东西了，这是什么心态？我表示难以理解。

一个从心里放弃了自己的人，旁人又能有什么办法呢？手握选择的时候，不知道自由的珍贵；失去选择的时候，又无法承受现实的残酷——人生的坠落由此开始。

常听人感叹：如果可以重来一次，我一定从小就勤奋读书；如果可以重来一次，我一定毕业就努力工作；如果可以重来一次，我一定和他（她）好好过日子；如果可以重来一次，我一定……

人生哪有那么多如果？更何况，很多事情你永远也不可能做第二次，你只能一次做好、一步到位，因为过了这村就没这店。而为了抓住那些绝无仅有的机会，你只能预先做好充分的准备。

上高中时偶然瞥见宋庆龄女士的一句话，对我影响很大，她说："不管你预备走哪一条路，顶顶要紧的是先要为自己做好准备。你不能赤手空拳地开始你的行程，你必须用知识把自己武装起来，你必须锻炼出健全的身体和足够的勇气。"刚刚开启职场之旅的小伙伴们可引以为戒。

趁年轻，你还有时间打磨自己；趁年轻，你还有精力谋求改变；趁年轻，千万别轻易放弃与命运周旋。选择前谨慎，选择时坚定，选择后义无反顾,这才是一个成熟的年轻人面对人生的优雅姿态。

无论是爱情,还是事业,希望我们都能以唯一一次的心态去对待:因为绝无仅有,所以视若珍宝;因为不可重来,所以竭尽全力。

内在进化
——你要悄悄拔尖然后惊艳所有人

为什么存在一些那么在乎几块钱的人

1

我曾偶然看到一个故事,讲的是一位18岁的女孩考上了省外的重点大学,爸爸、妈妈不远千里送她去报到。

她的爸爸是小县城里的黑车司机,妈妈在工厂打工,平时家里经营着一个小旅馆,生意还不错,因而她觉得自己家庭条件并不算差。但从小到大,她的父母经常对她念叨一句话:"咱家很穷。"

出发之前,女孩在网上订了特价酒店,位置似乎比较偏僻,三人跟着地图走了很久也没找着,问了好几个人,也都说不知道在哪里。

女孩提议打车,她在滴滴上搜了一下,也就是几块钱。可是,她的爸爸、妈妈偏不同意。

一家三口提着沉重的行李继续往前走,越走越暴躁,越走越生气,最后父女二人为此大吵了一架。

女孩很是想不通：我们家的日子也还过得去，为什么父母总是说"家里很穷"呢？

后来，她在网上发了这个帖子：为什么存在一些那么在乎几块钱的人？

2

八月的一天，台风袭击了深圳，整个上午大雨倾盆。午饭时间，同事们纷纷叫了外卖。

但是，因为暴雨的缘故，外卖迟迟没有送达。

情况特殊嘛，大家也不着急，一群人聚在一起闲聊，反而担心起外卖小哥的安全来。

"台风天还要送外卖，这是'用生命在上班'啊！"一位同事感叹道。

下午一点半左右，我终于接到了送餐电话，信步走到公司门口，外卖小哥正匆忙冲出电梯："魏先生，对不起，耽误您用餐了！"

"没事，没事！"我连忙应答。

原以为他会把责任归因于台风，完全没料到他会这么说。就是平时偶尔被延误，我也不会说什么，更何况今天情况特殊呢！

定睛一看，他的衣服已经全湿了，膝盖破了一个口，鲜血渗红了裤子。"路上摔了一跤,没事儿!"小哥笑着丢下这句话,转身冲进了电梯。

回到工位上,我一边吃饭一边回味那句话:"对不起,耽误您用餐了!"也不知道为啥,忽然泛起一阵心酸。

原来有的人在用生命上班,只是为了客户能够吃上一顿热腾腾的饭。

你说,为什么存在一些那么在乎几块钱的人?因为,他们的钱是用生命换来的。

3

又有一次,我网购了几本书,逾期三天了,却不知所踪。

查订单信息,显示已签收;打电话问网点,老板说已经送出去了,但我压根儿没收到东西啊。

一怒之下,我直接向官方客服发起了投诉。很快,客服就打来了电话,询问情况。我一五一十地说了。

下午,我接到一个座机电话,一看就知道是网点打来的,老板娘连声道歉,承诺立刻帮我查找,晚上我就拿到了包裹。

第二天,老板娘再次给我打电话:"魏先生,实在对不起,我们已经收到总部的处罚警告了,要是追责下来,我们的快递小哥就会被扣几百块钱,一个月就白干了,您能不能帮我证明一下快递收到了呢?"

我二话没说,当即同意。

虽然快递弄丢了,但解决问题确实很快,我已经很满意了。更何况,快递员挣钱确实不容易啊!

"我这边写一个证明,您看什么时候方便,我让快递员送过去,您签个字就好了。"老板娘恳切地说。

"不用这么麻烦吧,你微信发给我,截图证明我同意就行了。"

到此,这件事算是圆满解决。虽然平添了一些麻烦,但我还是选择了默默配合。人生已经如此艰难,何苦为难靠血汗钱养家糊口的人呢?

你说为什么存在一些那么在乎几块钱的人?因为,他们的钱是用汗水换来的。

4

早上看到一则新闻:湖北某地,68岁菜农何婆婆在菜市场卖菜时,连续三天共收到300元假币。当在用钱时被他人告知是假币后,何婆婆感觉天塌了一般,瘫坐在路边泪流不止……

这样的场景好熟悉。在农村,像何婆婆这样的老人不计其数,六七十岁依然要下地劳动,劳苦一生竟然老无所依,生活没有任何保障,一切只能靠自己。要是摊上不孝顺的子女,晚年生活更是惨不忍睹。

我听说一位村里的奶奶,育有八九个子女,却没一个愿意赡养她。如今八十多岁了,只能东家蹭一顿,西家给一口,平日里就在马路边捡塑料瓶,以此换点儿零用钱。

在大城市生活惯了的人,可能觉得难以想象,但事实就是如此,而且比这种情况凄惨的还有很多。

几块钱对你来说,可能只是一顿早餐,可吃可不吃,但对有些人来说,那是一天甚至几天的饭钱。

你说为什么存在一些那么在乎几块钱的人?因为,他们的钱是用血泪换来的。

◇ 5

近两年,网上时常有人炒作:快递员月入一万、保姆月入两万、煎饼大妈月入三万……令一众受过高等教育的本硕博职场白领怀疑人生。

但你是否考虑过一个事实:在同等收入的情况下,体力劳动者比脑力劳动者付出的艰辛要多得多。

举个最简单的例子:同样是月薪一万,身为白领的你可以坐在办公室吹着空调、哼着小曲儿处理工作,而蓝领兄弟却不得不顶着炎炎烈日,光着臂膀在尘土飞扬的工地上挥汗如雨。这能一样吗?

为什么存在一些那么在乎几块钱的人？不是因为他们小气，而是因为赚钱对他们来说实在太艰难了。快递员送一个包裹提成七八角钱，菜农卖一斤蔬菜利润四五角钱……试想一下，对他们而言，月入一万意味着什么？

可悲的是，不少父母累死累活供自己的孩子上大学，却只落得子女的一腔怨怒和不解。

在我妈上学的那个年代，因为家里交不起一学期一块五的学费，原本成绩名列前茅的她，只得中断学业回家务农。你看，几块钱足以改变一个人的命运。

成年以后，我就更加理解母亲对几块钱的在乎了。我们那儿刚开通公交的时候，从镇上到乡下的车费只要两元，我妈常常为了省两块钱，选择步行三四千米的路。

然而，对于她的子女，妈妈一点儿也不吝啬。因为从小到大，我和弟弟从没因为钱的缘故受过什么委屈，她只是对自己苛刻罢了。

6

赤手空拳来到人间，每个人都有自己的活法，我们没有权利指责任何人。你的父母把你养大成人，已经尽到了最大的责任；你的朋友不依靠你生活，你只需要多给他们一点儿关心。

内在进化
——你要悄悄拔尖然后惊艳所有人

甚至是路人,他们过着力所能及的生活,谁也没有权利再为难他们。

你不想要某种人生,那就去追寻你向往的人生;你不想过某种生活,那就去创造你理想的生活。

只是,千万不要抱怨,更犯不着歧视别人,因为他们真的已经很努力了。

能力迁移，实现指数级成长的利器

1

9月的一天，我突然收到胡椒的微信，他说他出了本书，要给我寄一本。

我兴高采烈地发了自己的地址过去，三天过后，果然收到一本装帧精美的花艺书。

胡椒是我的朋友，我们是在一次采访中相识的。彼时，我还是某公司的一名小文案，因为工作需要，常常要采访一些圈内的创业者。他是我数十位采访对象中的一位。

那时正值5月，烈日炎炎、热风阵阵，我们在南山的一家书吧见了面。书吧的环境很清新，三面书架环绕着一条长长的木桌，窗边摆放着一些漂亮的花束，令人心旷神怡。

他是个胖胖高高的小伙儿，脸圆圆的，鼻梁上架着个黑边眼镜。

一看就是典型的文艺青年。

我们一坐下就打开了话匣子，聊得很投缘。原计划一个小时左右的采访，我们却聊了整整三个小时。末了，还一起吃了顿饭。

那段时间，胡椒正在为自己的创业项目找融资，在这之前，他已经被十几位投资人拒绝了，但他不肯轻易放弃。

他郑重其事地对我说："我不怕被拒绝，这么多年来我已经被拒绝过无数次了。每一次被拒绝，我都会反思自己哪里需要改进，所以，每次被人拒绝都让我获得了成长。对方拒绝了我，我就改进之后再去接洽，一次不成两次，两次不成三次，我的很多客户都是这么谈下来的。"

那一年，我已经采访过圈内的很多人了，平时接触的人物形形色色，但翻来覆去都是那些套路，鲜有令人眼前一亮的。胡椒这番话令我深受触动。

回去之后，我为此特地发了一条微信朋友圈："被拒绝10000次，那就努力10001次。"

算是勉励他，也算是自勉。

❖ 2 ❖

胡椒比我大8岁，我们相识的时候他已经创业好几年了。

CHAPTER / 06

第六章 终身成长：让人生自己说了算

曾经他的梦想是想成为一名作家，所以终日给省内一家电台写稿，并乐此不疲。大学时，他写了一部15万字的小说，给国内八九十家出版社投过稿，结果全部石沉大海。

胡椒的作家梦就此彻底告吹。

毕业之后，按既定方向，胡椒本应成为一名医生，因为他学的是中医。但胡椒却选择了北漂，去了北京一家花店做学徒工。

没想到，这一次误打误撞的入行，却让他爱上了这个行业。

为了成为一名出色的花艺师，胡椒拜访了很多花艺界的名师，随后又自费去新加坡等多个国家学习。六七年的学习和实践终究没有白费，胡椒成了省内小有名气的独立花艺设计师。

在一次花艺活动上，胡椒结识了一位出版界的编辑朋友，这位伯乐看中了他在花艺和文字上的双重功底。不久之后，处女作顺利面世。

你看，梦想迂回了一圈，终究变成了现实。

其实，这些年胡椒并没有放弃自己钟爱的写作。在做花之余，他还开通了自己的微信公众号，已经默默地坚持两三年了。

他只是换了种方式去追逐自己的梦想。看起来走了更多的弯路，却也收获了更美的风景，想当初，谁能料到这是通向梦想的一条路径呢？而且，或许也是最接地气的一条。

内在进化
——你要悄悄拔尖然后惊艳所有人

人生不是单行道，你执意要走的那条路，也不一定最适合你。如果你撞破头颅，依然找不到出口，那么不妨换个姿势——兴许，真的可以看到光。

后记：人生是一场时间的旅行

十几年前，当我还是一名初中生的时候，我的愿望就是出一本书，我为它取了一个颇有诗意的名字，叫《夜把星星丢了》。那时，我还是一个郁郁寡欢的少年，热衷于用日记来吐露自己的心声。

初三那年，我在作文大赛上一举斩获全国三等奖、省级一等奖的好成绩，成为全校唯一获此殊荣的学生，这极大地助长了我写作的自信。更令我得意的是，三年来我写了厚厚一大摞日记，每次去翻它们的时候，都被自己感动得一塌糊涂。可惜后来搬家全弄丢了，唯一留下的是对写作的一腔热情。

后来，我迷上了现代诗。高考一结束，就噌噌跑到新华书店，花了80多元买下了那本觊觎已久的《海子诗全集》。于是，整个暑假都是海子的诗伴我度过。

那时的我，觉得自己不仅可以成为作家，还可以成为一名诗人。

大一的时候，我开始在一家原创文学网站发表诗作和诗评。我的

内在进化
——你要悄悄拔尖然后惊艳所有人

作品时常被站方加精推荐，还获得了好几次月度评奖。虽然奖品只是一些泛黄的旧书，但每次入围都比有人请我吃大餐还开心。

差不多同期，我开始向各类诗歌杂志投稿。我把自认为写得不错的诗挑选出来，用信笺纸工工整整地抄写了十几份，同时寄给全国各地的知名诗刊社，结果全部石沉大海。

我还是不死心，妄想自费印一本诗集，但联系了几个自费出书的机构后，我便打消了这个念头，因为我根本承担不起高昂的出版费用。

想来想去，我认定自己尚欠火候，也就不做出书的美梦了，但这并未影响我对写作的热情。

毕业后，我先回老家昆明，后又辗转到北京，最终来到深圳并停留下来。有那么两年我几乎只字未写，反倒在疲于奔命中遇到了形形色色的人，也见识了各种各样的人生。

后来，我的世界被更恢宏的冲击波撞开了。2015年年底，我正式开始做自己的微信公众号，几个月后，我的一篇原创文章《永远不要打探别人的工资》意外走红，一时间被数千个公众号转载，其中包括"人民日报""十点读书""有书""思想聚焦"等超级大号，当时我就震惊了。

其后一年，又陆续有数篇文章蹿红，找我要授权的大号越来越多；"智联招聘""领英""拉勾网"等平台均先后邀请我做专栏作者。

此外，还有一些做知识付费的公司邀请我去开课，无奈分身乏术，我都一一婉拒了。

2017年4月，一家大型出版社主编找到我，探讨出书事宜，但当时我觉得时机还不够成熟，遂搁置。8月，北京一家图书公司的策划编辑找到我，令我感动的是，对方竟连书的目录都整理了出来，谈了好几次，我才下定决心签合同。

美国著名喜剧演员史蒂夫·马丁曾说过一句话："艺人们总关心如何找到经纪人，如何写出剧本，而我总说'要让自己优秀到不能被忽视'。"在我的成长历程中，我也是这样为自己打气的："你要努力，优秀到别人无法忽视。"如今，既然这么多人都看好我，我还有什么理由迟疑呢？那就豁出去吧！

有位小伙伴曾对我说："你的文章很耐读，一点儿也不'鸡汤'，我读了好多遍，每一遍都能读出新的味道。"我听了非常高兴。

事实上，我一直在努力还原真实，我写的大多数文章也都是真人真事，我的人生哲学就是：做真实的人，过真实的生活。

还有一位小伙伴对我说："我在微信朋友圈看到你的文章很好就关注了，你更新的每一篇文章我都会看，我还把你的公众号名片推荐给了弟弟、妹妹、表哥、表姐，现在我们一家人都是你的'粉丝'。"我听后大喜过望。

内在进化
——你要悄悄拔尖然后惊艳所有人

在此郑重地对所有支持我的小伙伴们说一声:"谢谢!"

当你干等之时,梦想离你是那么遥远;当你付诸行动后,它已悄悄向你走来,很多时候都是这样。只要你把事情做好了,一切都会跟着变好。

人生中第一本书倾注了我许多心血,为了完成这些文章,我有时熬夜到夜里一两点;为了整理书稿,我从早到晚都待在星巴克。不过,我坚信这一切都是值得的!

时光荏苒,一晃已近而立之年。作为最早的一批"90后",我已经在职场混迹多年。一路走来并不平坦,却收获了满满的经验和感悟,很高兴有机会与诸位一起分享。

最后,我想把阿多尼斯的《我的孤独是一座花园》里的几句诗送给你们:

> 世界让我遍体鳞伤
>
> 但伤口长出的却是翅膀
>
> 向我袭来的黑暗
>
> 让我更加闪亮